さらっとドヤ顔できる

野菜の雑学

北嶋廣敏

はじめに

私たちが住んでいる地球は、太陽系惑星の一つであり、今から四六億年ほど前に生まれた。この惑星には豊富な水が存在し、多種多様な生物が生きている。その生物は動物と植物に大別することができる。植物は大気中の二酸化炭素と水、そして太陽エネルギーによって、生きるために必要な栄養をつくりだしている。すなわち植物は自給自足しているわけである。ところが人間をはじめ動物には植物のように、必要な栄養を自らつくりだす能力がない。私たち人間は植物が光合成によって生産した酸素を吸い、植物を食べて生きている。私たちは植物に頼って生きているわけである。植物はかけがえのない存在である。しかし私たちはふだん、そんなことはほとんど意識しないで暮らしている。

この本は植物のなかでも野菜や果物についての本である。だが研究書ではない。タイトルや目次などからもわかるように、いわゆる雑学本である。「アスパラガスは横に寝かせると立つ」「トウモロコシはなぜ毛があるのか」「モモの表面にはなぜ溝があるか」「種なしスイカはどういう方法でつくるのか」「なぜ「秋ナスは嫁に食わすな」か」「ポン酢の「ポン」とはどういう意味？」……などなど、野菜・果物について、思わず誰かに教えたくなるような話、知っているようで知らない話、知ってトクする話などを集めたものである。本書にはクッキングやガーデニングに役立つと思われる話も入っているが、実用性をことさら強調する気はない。あくまでも雑学本であり、気楽に読んで楽しんでもらうのが本書の一番の目的だからである。「へえ～」「うそっ！」「なるほど」などと思える話を選んだつもりである。

執筆にあたっては多くの書物を参考にさせていただいた。数が多いため書名を列記するのは省略させてもらった。本書が読者の皆様にとって楽しめる一冊になることを願っている。

目次

第一章　野菜の雑学

▼野菜とっておきの話

1　タマネギは根か茎か葉か

野菜は食用とする部分によって、葉菜《ようさい》、茎菜《けいさい》、根菜《こんさい》、果菜《かさい》、花菜《かさい》などに分けられる。葉菜（葉を食用とする野菜）にはホウレンソウ、キャベツ、ハクサイ、茎菜（茎を食用とする野菜）にはアスパラガス、ウド、根菜（根を食用とする野菜）にはダイコン、ゴボウ、ニンジン、果菜（果実を食用とする野菜）にはトマト、キュウリ、カボチャ、そして花菜（花を食用とする野菜）にはカリフラワー、ブロッコリーなどがある。

では、その分類ではタマネギはどの部類に入るだろうか、タマネギは葉菜として分類されたり、また茎菜として分類されることもある。タマネギはネギ類の一種で、その幼苗期の葉はネギとよく似ている。ところが生長するとタマネギのほうは葉の基部が肥大化して、玉状のものを形成する。それを鱗茎《りんけい》といい、この部分を食用にしている。タマネギを縦に切ってみると、下の部分に芯《しん》が見える。それがタマネギの茎であり、タマネギの玉（鱗茎）はその茎から出た葉が変容したものである。すなわち、タマネギは葉なのである。

主として鱗茎を食用とする野菜を鱗茎菜という。タマネギは鱗茎菜として分類されることもある。鱗茎菜には、ほかにラッキョウ、ユリネ、ニンニク、エシャロットなどがある。

2　タマネギがピラミッドを建てた

タマネギの原産地は中央アジアのアフガニスタン、インド北西部、タジキスタンあたりと推測されている。栽培植物としてはたいへん歴史が古く、紀元前数千年前から栽培されている。日本へは江戸時代に長崎に渡来しているが、本格的に導入されたのは明治時代になってからである。

古代エジプトではタマネギは重要な野菜の一つだった。第一王朝時代から第二王朝時代（紀元前三〇〇〇～二七〇〇年ころ）の噴墓の壁画にタマネギが描かれている。エジプトといえばピラミッドが有名である。その建設には多数の労働者が従事していたが、タマネギは労働者の食料となっていた。紀元前五世紀のギリシアの歴史家、ヘロドトスの『歴史』によると、ピラミッドの労働者にはタマネギをはじめ、ダイコン、ニンニクが支給されていたという。

また古代エジプトにおいては、タマネギはミイラにも用いられた。古代のエジプト人は人が亡くなると、ミイラにして保存した。その際、タマネギを目のくぼみに詰め込んだり、腋の間にはさみ込んだり、ミイラの包帯の間に置いたりしたという。

エジプトではタマネギは魔力をもつ野菜とみなされていたらしい。ミイラにタマネギを用いたのは、タマネギのもつ魔力が死者に活力を与えると信じられていたことによると考えられている。

3　ネギの葉はどちら側が表なのか

ものにはふつう表と裏がある。おにぎりや鮨《すし》などに用いる海苔《のり》は表と裏の区別がなかなかつかないが、海苔にもちゃんと表と裏がある。

植物の葉にも表と裏がある。葉は茎から出る。葉が形成されるとき、茎に向かっている側が葉の表になり、その反対側が裏になる。植物の葉には平面的な構造をしたものが多く、そうした葉ではどちらが表で、どちらが裏であるかはわかりやすい。では、ネギの葉の表裏はどうなっているのか。

ネギの葉には白い部分（葉鞘《ようしょう》部）と緑色の部分（葉身《ようしん》部）があり、一般に白い部分は白根、緑色の部分は葉と呼ばれている。ネギには主に白根を食用とするものと、白根と葉の両方を食用とするものがある。前者は根深ネギ、後者は葉ネギと呼ばれており、根深ネギは主に関東以北で、葉ネギは関西以西で栽培され、食べられてきた。

ネギの葉はなかが空洞で筒状（管状）になっている。いったいどちら側が表なのか。見えている側、すなわち筒の外側の部分が表なのだろうか。

ネギの筒状の葉の内側はぬるぬるしている。そのぬるぬるしている側が表である。つまり、ネギの葉は裏側だけを見せているわけである。

4　ネギの古名は「キ」

その昔、ある野菜は「一文字《ひともじ》」と呼ばれていた。その野菜は何かおわかりだろうか。その野菜は一字で表わされていた。だから「一文字」と呼ばれたのだが、現在ではその野菜は二文字で表わされている。

一文字と呼ばれた野菜。それはネギ（葱）である。ネギは中国西部、あるいはシベリアの原産とされている。日本にいつごろ伝わったかは明らかでないが、奈良時代以前から栽培されていた。

平安時代の辞書『和名類聚抄《わみょうるいじゅしょう》』に「葱、和名は紀《き》」とあり、ネギは古くは「キ」と呼ばれていた。その語源はわかっていない。匂い（＝気）が強いことに由来するという説がある。

ネギはもとは「キ」という一字であった。だから「一文字」と呼ばれた。それがのちに「ネギ」という二文字に変化した。ネギの白い部分は葉（葉鞘《ようしょう》部）なのだが、それを根とみなし、その根を食用としたことから、根葱＝ネギと呼ぶようになったと考えられている。

ネギの「一文字」に対して、「二文字《ふたもじ》」と呼ばれた野菜がある。その野菜とは？　それはニラ（韮）である。

5　ニンニクの芽は本当は芽ではない

ニンニクはユリ科の多年草で、地下に球状のものを形成する。球状のものは植物学では鱗茎《りんけい》と呼ばれており、地下茎の中軸に肉厚になった葉（鱗片葉《りんぺんよう》）が重なり合い、球状になったものである。

通常、ニンニクは主として鱗茎が食用として利用されているが、スーパーや八百屋ではニンニクの芽なるものも売られており、中華料理によく使われる。だがそのニンニクの芽は、実際はニンニクの芽ではない。ニンニクの芽と呼ばれているのは本当はニンニクの茎である。

ニンニクの葉が出たあと、茎が伸びて、その先に蕾《つぼみ》をつける。中国では古くから、その葉や茎を食用としてきた。わが国では従来、ニンニクはもっぱら鱗茎を利用していたが、茎ニンニクが中国から入ってきたとき、日本ではそれが「ニンニクの芽」と名づけられた。以来、その名で呼ばれている。

ニンニクの品種には、茎ニンニク専用の品種もあり、茎が伸びやすく軟らかくなるものが使われている。ニンニクの芽（茎ニンニク）はニンニクの鱗茎のような強い匂いがなく、甘味もあり、カロテンやビタミンCなどを多く含んでいる。

6　ゴボウにも花言葉がある

ゴボウはキク科の植物で、原産地は地中海沿岸から西アジアにかけての地帯とされている。ヨーロッパ、シベリア、中国などに野生種が見られる。

ゴボウは中国からヨーロッパにかけて広く分布しているが、これを食用としているのは、どうも日本人だけのようである。ヨーロッパでは根や葉や種子が、いろんな病気の治療薬として用いられてきた。

ゴボウの花をご覧になったことがあるだろうか。ゴボウも花を咲かせ、そして花言葉もちゃんとある。ゴボウの花言葉は「私にさわらないで」である。

アザミはゴボウと同じキク科の植物だが、ゴボウはアザミに似た花を咲かせ、イガのついた実《み》をつける。またゴボウの蕾《つぼみ》にはトゲがある。実のイガ、蕾のトゲなどに特徴があることから、「私にさわらないで」という花言葉になったようである。ほかに「しつこくせがむ」「不作法」「頑固」「用心・警戒」などの花言葉もある。

7　ダイコンの根はすべてが根ではない

ダイコンは古い時代にはオホネ（オオネ）と呼ばれていた。オホネとは「大根」、すなわち、大きな根という意味である。ダイコンは他の野菜に比べ、根が大きい。そこで、オホネ（オオネ）と呼ばれたのである。ダイコンという名は「大根」を音読みしたものである。

ダイコンは葉の部分と白い棒状の部分から成り、棒状の部分を一般に根と呼んでいる。だがそれは厳密にいえば正しくない。棒状の部分がすべて根というわけではない。

ダイコンをよく見ると、途中から先端にかけてヒゲ根（側根）がついている。そのヒゲ根の生えている部分から先端までがダイコンの本当の根であり、ヒゲ根の上の部分は根ではない。

ではヒゲ根の上の部分は何なのか。上の部分はつるんとしているが、それは胚軸《はいじく》である。ダイコンは根とともに、胚軸が肥大したものなのである。そして胚軸の上には茎がある。ダイコンの茎はたいへん短いが、そこから葉が出ている。

8　カイワレダイコンを育てたらダイコンになる？

刺身や肉料理などのあしらいに添える野菜のことを、つま（つま野菜）という。その一つにカイワレダイコン（貝割れダイコン）がある。

この野菜にはピリッとした辛味があり、味覚を刺激して食欲を増進させる働きがある。カイワレダイコンは料理の脇役に甘んじているが、ビタミンA（カロテン）やビタミンCを多く含んでいる。

カイワレダイコンは、長さ六～一〇センチくらいの白くて細い軸（胚軸《はいじく》）の上に緑の双葉《ふたば》が開いている。その双葉が二枚貝が開いたような形であるところから、カイワレダイコンという。ちなみにその双葉は不揃いで、葉の大きさや位置が異なる。

カイワレダイコンはダイコンという名がついているが、その姿からはダイコンはなかなか想像できない。だがカイワレダイコンはダイコンの幼い姿である。

ダイコンの種子を暗いところで発芽させ、軸が伸びて子葉が開いたときに日光に当てて、緑化させたものである。それを栽培すればダイコンになる。

9　ダイコンとカブはどこが違うのか

セリ、ナズナ、ゴギョウ、（コペラ、ホトケノザ、スズナ、スズシロ……といえば、春の七草。スズナはカブ（カブラ）、スズシロはダイコンの別名である。両野菜は古くから栽培されているが、カブのほうがダイコンより先に日本に入ってきている。

ダイコンとカブは同じアブラナ科に属する。その意味では両者は仲間であるが、違っているところも多い。

ダイコンには種類が多く、その一般的なもの（青首ダイコン）は棒状で、カブはボール状である。ダイコンは胚軸《はいじく》と根が太ったものだが、カブは胚軸が太ったものである。ダイコンの胚軸の部分（葉に近い部分）はすべすべしている。カブはその大部分が胚軸なので、全体がすべすべしており、先端部分にヒゲ根と根がついている。

ダイコンとカブでは、種子も異なる。莢《さや》のなかの種子はカブのほうが多く、カブの莢は種ができて実るとはじける。ダイコンの莢ははじけない。葉にも違いがあり、ダイコンの葉の表面には細かい毛があるが、カブの葉にはない。ダイコンは白色または淡紫色の花をつけるが、カブの花は黄色である。

また食べ方にも違いがある。ダイコンはおろして生食する。カブは生では食べず、煮るか、漬けものとして食する。

10　10月10日はダイコンの年取りの日

九月十八日は何の日かご存じだろうか。それはカイワレダイコンの日である。日本かいわれ協会が、カイワレダイコンのよさをアピールするために昭和六十一年（一九八六）に設けたもの。そのための会合が開かれたのが九月で、算用数字の「8」を横にして「1」を立てると、カイワレダイコンの姿に似るところから、九月十八日と決められた。

ダイコンの日もある。ダイコンの日は十月十日。東北地方をはじめ東日本では、十月十日（旧暦）は「ダイコンの年取り」とか「ダイコンの年越し」などと呼ばれ、ダイコンはこの夜の一晩で大きくなるという。この夜、モグラ除けなどのまじないに、縄で藁《わら》を巻き立てた棒で地面を打ったりするが、ダイコンはその音を聞いて育つともいう。またこの日にはダイコン畑に入るのはタブーとされており、入るとダイコンが育たないという伝承が各地に残っている。十月十日の夜、ダイコンはうなりながら生長するとか、音を立てて割れるともいい、その音を耳にすると死ぬともいわれている。

　十月十日、ダイコンは大きくなる。そこでダイコンを収穫するのはその日を過ぎてからということになる。

11　ニンジンの皮は皮にあらず

　店で売られているニンジンはたいていきれいに洗ってあり、泥などはついていない。それを買って家で料理するときには、だいたい皮をむいて用いる。だが、その皮は本当は皮ではない。われわれが皮と思っている部分は、細胞（内鞘《ないしょう》細胞）の一部である。

　ではニンジンには皮はないのか。そんなことはない。ニンジンの皮は薄い膜みたいなもので、出荷されるときに泥などとともに落とされていることが多いので、店頭に並んでいるニンジンはたいていすでに皮がない。

　ニンジンはカロテンを多く含んでいる。カロテンは体内に吸収されてビタミンAに変化する。ニンジンには可食部一〇〇グラムあたり一万マイクログラムもカロテンが含まれており、そのカロテンはニンジンの内側の細胞より外側（皮側）の内鞘細胞のほうに多い。また内鞘細胞にはうま味の成分も多く含まれている。

　店で売られているニンジンの皮は皮にあらず。すでに皮は除かれている場合が多いので、皮と思って表面をそいでしまうと、大切な栄養を捨てることになる。

12　モヤシは水だけで育つ

　モヤシはふつうヒラガナやカタカナで表現されているが、漢字で表わすとすれば「萌」、または「糵」。モヤシという言葉は、芽が出ることを意味する「萌《も》ゆ」からきている。「萌ゆ」を他動詞化した「萌やす」の連用形の「萌やし」が名詞化したもの。だから漢字では「萌」と書く。

　多くの植物は種子が発芽して育つためには光が必要である。だから暗闇のなかでは育たない。しかし例外もある。モヤシは暗闇のなかでもちゃんと育つ。モヤシは豆類（や穀類）の種子を光を当てずに発芽させたもの。与えるのは水だけである。

豆を水にひたしておくと、豆から芽が出て、やがてモヤシになる。肥料もいらない。どうして水だけで育つのか。

それは豆に栄養があるからである。モヤシは豆に蓄えられている栄養だけで育っているのである。モヤシは光がなくても、水さえあれば発芽し育つことができる。

13　ニンジンと朝鮮ニンジンの関係は？

ニンジンには西洋系のものと、東洋系のものがある。ニンジンの原産地はアフガニスタン北部の山岳付近と考えられている。十二〜十三世紀にヨーロッパに伝わり、十六世紀にオランダで改良されたものが西洋系ニンジンとなり、十三世紀に中国に伝わり、中国で改良されたものが東洋系ニンジンとなった。

日本へは東洋系のものが十七世紀に伝わり、十八世紀末になって西洋系のものが伝わった。現在は西洋系のニンジンが主流で、東洋系ニンジンは金時ニンジンが栽培されている。このニンジンは関西地方で改良されたもので、京ニンジンとか大阪ニンジンとも呼ばれている。

ニンジン（人参）という名は、人の形に似ているところからきており、もともとは朝鮮ニンジンのことであった。朝鮮ニンジンはその根が人形《ひとがた》をしたものが最上とされた。そこでニンジン（人参）と呼ばれたといわれている。わが国には六〜七世紀、朝鮮を経て薬用として入ってきている。その後、野菜のニンジンが渡来し、朝鮮ニンジンと似ており、またその葉が芹《せり》と似ていることから、セリニンジン、畑に植えるところから（タニンジン、野菜としてのニンジンの意味からニンジンナ（ナニンジン）などと呼ばれたが、次第に単にニンジンと呼ばれるようになった。

朝鮮ニンジンと野菜のニンジンは形はよく似ているが、同じ仲間ではない。朝鮮ニンジンはウコギ科の多年草、野菜のニンジンはセリ科の二年草。両者はまったくの別種である。

14　モヤシのシャキシャキ感はどこからくる？

モヤシにはモヤシならではの味わいがある。あのシャキシャキした歯ごたえは、モヤシならではのものである。モヤシのシャキシャキ音はいったいどこからきているのか。

キュウリを食べると、最初はシャキシャキしているが、すぐにシャキシャキ感がなくなる。シャキシャキという音がしなくなってくる。ところがモヤシではシャキシャキ感がずっと続く。キュウリやモヤシのシャキシャキ音は、細胞からきている。あの音は細胞がつぶれる音であり、キュウリとモヤシのシャキシャキ音の違いは、それぞれの細胞の違いによる。

　モヤシの細胞はキュウリなどの他の野菜の細胞と比べると、大きくてしっかりしている。だからモヤシは噛んでも噛んでもシャキシャキが続く。

　モヤシは光のない暗闇のなかで栽培されている。植物は光の当たらない場所で育てられると、一つ一つの細胞が大きく生長する性質があるという。モヤシを光に当てて育てると、その細胞はふつうのモヤシの細胞よりはるかに小さくなるそうである。

15　ニンジンとダイコンは相性が悪い？

　ダイコンをおろしたものに、ニンジンをおろして加えたものを「モミジオロシ」と呼んでいる。

　本来、モミジオロシとは、ダイコンの切り口にトウガラシを差し込んでいっしょにおろしたものをいうが、おろしダイコンにおろしニンジンを混ぜたものも、モミジオロシと呼ばれている。

　そのモミジオロシは、これまで問題があるとされてきた。ダイコンとニンジンは相性がよくないというのである。

　ニンジンにはアスコルビン酸という酸化酵素が多く、おろしダイコンにおろしニンジンを加えると、その酵素によってダイコンのビタミンCが破壊されるといわれていた。ところが最近の研究によって、それが間違いであることがわかった。

　おろしダイコンにおろしニンジンを加えると、アスコルビン酸によってダイコンのビタミンCがデヒドロアスコルビン酸となる。ところがそのデヒドロアスコルビン酸（酸化型ビタミンC）は食べればビタミンCの効果を発揮することがわかった。つまりニンジンとダイコンは、けっして相性が悪いわけではないのである。

16　「ダイコンのような腕」はほめ言葉

　下手な役者のことを「大根役者」といい、女性の太い足を「大根足」などという。ダイコンはどんな食べ方をしても中毒しない。すなわち、当たらない。そこで当たらない役者＝下手な役者を「大根役者」と呼ぶようになったらしい。

　大根役者、大根足ではダイコンはよくないものとして扱われている。ところが昔はダイコンは女性の肌の白さを形容するものであった。『古事記』にこんな話が載っている。

　皇后の磐之媛《いわのひめ》が留守の際、仁徳天皇が異母妹と結婚した。それを知って皇后は天皇を恨み、怒った。天皇は「つぎねふ山代女《やましろめ》の木鍬《こくわ》持ち打ちし大根根白《おおねねじろ》の白腕《しろただむき》枕《まくら》かずけばこそ知らずとも言はめ」という歌を詠んでなだめた。山代は京都の山城。山城の女が木の鍬で畑を耕してつくったダイコン、その根の白さはどのおまえの白い腕を、私が枕としなかったのなら、おまえは私のことを知らないといってもよいが、そうは言わせないという意味である。

仁徳天皇の歌は『日本書紀』にも載っている。この歌では女性の白い腕がダイコンにたとえられている。今日、女性の腕についてダイコンのようだと表現したら、女性から反発をくらうことになるだろう。

17　オランダキジカクシという名の野菜とは？

かつてオランダキジカクシと呼ばれていた野菜がある。現在では別の名で呼ばれているが、その野菜は何かご存じだろうか。マツバウドという別名もあり、ウド（独活）に似た野菜である。

オランダキジカクシと呼ばれていた野菜、それはアスパラガスである。

ユリ科の多年草で、各地の山地に自生するキジカクシという植物がある。キジカクシは「雉《きじ》隠し」の意味。この植物は枝が密に繁って、小さな藪《やぶ》状になり、雉が隠れてもわからないようになることから、キジカクシと呼ばれるようになったらしい。

アスパラガスは、わが国にはオランダ人によって天明元年（一七八一）以前に長崎に伝わっており、オランダ語の aspergie がなまってアステルビー、あるいはアスペルケーと呼ばれ、またキジカクシに似ているところからオランダキジカクシと呼ばれた。

江戸時代にはもっぱら観賞用とされ、食用として栽培されたのは明治時代になってからである。明治四年（一八七一）、北海道開拓使がアメリカから新種を導入し、野菜として栽培をはじめた。そして大正時代になって、北海道で本格的な栽培が行なわれるようになった。

18　アスパラガスは横に寝かせると立つ

スーパーや八百屋で買ってきたアスパラガス（グリーンアスパラガス）を冷蔵庫に入れて保存する。あなたはその際、どのような状態で保存しているだろうか。保存の仕方によって、栄養価やおいしさに差がでる。

ふつう長い形の野菜は横に寝かせて保存したくなるが、アスパラガスは立てて置いたほうがよい。すなわち、畑にあったときと同じような状態で保存するのがいい。それはなぜなのか。

アスパラガスは生長力が強い。一日に七センチも伸びる。収穫された後も生きており、横に寝かせて保存すると、アスパラガスは上に向かって立ち上がろうとする。すなわちもとの自然な状態に戻ろうとする。穂先が持ち上がり、さらに茎の部分も立ち上がるようになる。アスパラガスはそうすることで、そのエネルギーとして、自分がもっている栄養を使うことになる。だからアスパラガスを横に寝かせて保存すると、栄養価や味が落ちてしまう。

19　オクラって何語なの？

オクラという野菜がある。アオイ科の植物で、葉の根元に莢《さや》状の果実をつける。その未熟なものが食用とされている。マグネシウム、亜鉛、カロテン、ビタミンE、食物繊維などを含んだ健康野菜である。

オクラという言葉には純然たる日本語、すなわち大和言葉を思わせる響きがある。はたしてオクラはいったい何語なのか。オクラは英語のオクラ（okra）からきている。オクラはじつは外国産の野菜である。

オクラの原産地は、ナイル川上流域からエチオピアにかけての東北アフリカといわれている。西アフリカの原地語でのこの野菜の呼び名のンクラマ（nkruma）が転じて、オクラになった。

エジプトでは約二〇〇〇年前に、オクラが栽培されていたという。十八世紀にアメリカに伝わり、日本には江戸時代末期に一度伝わっており、明治時代初期にアメリカから本格的に入ってきた。

なお、オクラの種子はコーヒー豆と似ていることから、イギリスやフランスではかつてコーヒーの代用品として栽培された。英語ではオクラのことを「婦人の指」（lady's fingers）ともいう。

20　タケノコの白い粉の正体は？

タケノコを煮ると白い粉が出てくる。水煮したタケノコがスーパーなどで売られているが、それをよく見ると、それにも白い粉がついていることがある。一見、それはカビのようにも見えるので、気になる人もいることだろう。

あの白い粉のほとんどは、チロシンという成分である。チロシンはアミノ酸の一種で、タケノコにはチロシンが多く含まれている。ちなみにタケノコ（生）のチロシンの含有量は、『五訂食品成分表』によれば、可食部一〇〇グラムにつき、六九〇ミリグラムである。

このチロシンは水に溶けにくい。だがタケノコをゆでると、内部から溶けだしてくる。そして冷めると固まるので、タケノコの表面に白い粉となって残ることになる。

白い粉（チロシン）は、食べても害はない。人間の脳の神経伝達物質の一つに、ドーパミンというのがあるが、チロシンはドーパミンの原料でもある。

21　昔は熟して黄色くなったキュウリを食べていた

キュウリの原産地はインド北西のヒマラヤ山麓といわれている。インドではすでに三〇〇〇年前から栽培されたとされる。言い伝えによれば、紀元前二世紀、張騫《ちょうけん》が西域（＝胡）からキュウリを持ち帰り、中国に伝えたという。キュウリを漢字で「胡瓜」と書くのは、「胡の瓜」という意味である。

日本へは中国を経て渡来した。『本草和名《ほんぞうわみょう》』（延喜十八年・九一八ごろ成立）に「胡瓜、和名加良宇利《からうり》」とあり、十世紀以前には日本に伝わっていたようである。遣唐使によってもたらされたのだろうと考えられている。

キュウリは古くはカラウリ、ソバウリとも呼ばれていた。漢字では「黄瓜」とも書くが、キュウリという言葉は一説に「黄瓜」からきているという。キュウリは熟すると黄色くなるので、黄色の瓜＝黄瓜＝キウリ。それが転じてキュウリになった。小野蘭山《おのらんざん》の『重訂本草綱目啓蒙《じゅうていほんぞうこうもくけいもう》』（弘化四年・一八四七）に「熟して黄色なる故にキウリと呼《よぶ》」とある。

じつは昔の日本人は、キュウリは熟して黄色くなったものを食べていた。十六世紀に来日したポルトガル人宣教師、ルイス・フロイスが『日欧文化比較』という書物のなかで、「われわれの間ではすべての果物は熟したものを食べ、胡瓜だけは未熟のものを食べる。日本人はすべての果物を未熟のまま食べ、胡瓜だけはすっかり黄色になった、熟したものを食べる」と書いている。

22　ズッキーニはキュウリの仲間？

ズッキーニという野菜がある。イタリア料理によく用いられる野菜で、円筒形をしており、その形はキュウリとたいへんよく似ている。形だけではなく、栄養価もよく似ていて、たとえばカロテンを多く同じくらい含んでおり、またどちらもカロリーは低い。

ズッキーニとキュウリは同じウリ科の野菜である。だがズッキーニはククルビタ属に属し、キュウリはククミス属に属する。外見はよく似ているが、ズッキーニはキュウリの仲間ではない。

じつはカボチャの仲間である。カボチャのことをイタリア語で「ズーツカ」(zucca) という。ズッキーニ (zucchini) は小さなカボチャという意味である。

カボチャにはセイヨウカボチャ、ニホンカボチャ、ペポカボチャなどがある。ペポカボチャは北アメリカ南部原産で、日本へは明治時代初頭に導入されているが、ズッキーニはペポカボチャの仲間であり、学名をククルビターペポ (Cucurbita pepo) という。

23 キュウリの巻きヒゲの不思議

キュウリは蔓《つる》性の植物で、長い蔓を伸ばして生長し、支柱に巻きつく。それは巻きヒゲと呼ばれているが、キュウリの巻きヒゲはじつにうまくできている。

巻きヒゲは最初は蚊取り線香のように渦巻き状に巻いた形で現われ、その後、伸びて、先端をぐるぐると回す。どうしてそんなことをするのか。

回旋しながら、つかまるべきもの (支柱) を探しているのである。支柱に触れると、すぐに、しっかりと巻きつく。支柱に触れてから二分もしないうちに巻きはじめ、三分以内で一巻きする。なお、巻きヒゲの先端の三分の一ぐらいが巻きつくはたらきをもっている。

それで終わりではない。巻きヒゲはさらにもう一つ、ヒゲを巻く。支柱に巻きついたら、次に巻きついた部分と巻きヒゲの根元のあいだの部分 (巻きヒゲの中央部) に螺旋《らせん》状に巻きつく。

それはスプリングのように伸び縮みをすることができ、風などによって巻きヒゲが切れてしまうのを防いでいる。

24 キュウリの苗にはツメがある

漢字の「爪」と「瓜」は間違いやすい。「爪」はツメで、「瓜」はウリなのだが、ツメを「瓜」と書いてしまったりすることがある。「瓜」にはその中央・下部に、カタカナの「ム」に似たものがついている。昔の人たちは、それをツメととらえ、「爪にツメなく、瓜にツメあり」といって、覚えたものだが、じつはウリ科のキュウリやカボチャには本当にツメがある。

ツメがあるのは苗である。キュウリやカボチャの種を土にまくと、種皮を破って、根 (幼根) が伸び、葉 (子葉) が出てくる。根と葉のあいだの胚軸《はいじく》の下の部分に、ツメ (爪) のような出っ張りがあり、ペグと呼ばれている。

そのツメ (ペグ) は葉が種皮から出るとき、葉を手助けしている。葉は種皮を破って (種皮を脱いで) 出るが、そのとき種皮をツメにひっかけ、外に出る。

キュウリやカボチャなどのウリ科の苗にとって、ツメは大事なものである。ツメの発育が悪かったり、ツメがなかったりすると、葉が種皮から脱け出せず、種皮をかぶったままになるので、生育が悪くなる。

25 トウモロコシという言葉には問題あり

江戸川柳に「知ったふり唐もろこしは重言《じゅうげん》さ」「唐もろこしを重言ときいたふう」というのがある。いずれも「唐もろこし」という言葉が重言であることをいっている。重言とは、同じような意味の語が重なっていることをいう。トウモロコシのいったいどこが重言なのか。

トウモロコシは南アメリカが原産とされている。十五世紀末、コロンブスによってヨーロッパにもたらされ、日本には天正七年（一五七九）、ポルトガル人によって伝えられた。そのトウモロコシは、それ以前に中国から渡来したキビ（黍）に似ており、そのキビはモロコシキビと呼ばれていた。モロコシとは、唐（中国）からきたものという意味。

トウモロコシのトウは「唐」のことで、中国を意味する。また昔は、舶来品には「唐」の字をつけて呼んだりした。トウモロコシのトウはその意味も含んでいる。

ポルトガル人によってもたらされたその新しい食べものは、モロコシキビ（キビを略してモロコシ）に似ていたので、トウモロコシと呼ばれるようになったのだが、トウモロコシはトウ（唐）・モロコシ（唐から渡ってきたもの）だから、「唐」と「唐」が重複することになる。そのことに気づいている人は意外と少ない。

26 キャベツの祖先は球状ではなかった

日本語のキャベツは英語の cabbage に由来し、その英語は頭を意味するラテン語のカプト（caput）を語源としている。キャベツは人間の頭のような形をしている。すなわち球状である。だがキャベツの祖先は球状ではなかった。

ケールという野菜がある。日本では食用としては普及しておらず、青汁や野菜ジュースの原料などとして利用されている。ヨーロッパではよく食べられている野菜である。ケールは地中海沿岸などに自生していた植物で、紀元前四世紀ごろにはギリシアで栽培されていたようである。後にヨーロッパ各地に伝わっていった。

現在のキャベツはケールから生まれた。ケールはキャベツのように結球しない。葉が丸まって球にはならない。そのケールが結球したのが今日のキャベツである。十二世紀、ドイツで結球したケール＝キャベツが出現しており、十三世紀にはイギリスでも登場している。

キャベツが日本に入ってきたのは幕末で、本格的に栽培がはじまったのは明治時代になってからである。当初キャベツはタマナ（玉菜）、あるいはカンラン（甘藍）と呼ばれていた。

27　カリフラワーの食用の部分は花なのか

カリフラワーはキャベツの仲間で、ハナキャベツ（花キャベツ）、ハナヤサイ（花椰菜）とも呼ばれる。ハナ（花）という名がついているのは、食用にしている白い球状のものが花のように見えるからである。カリフラワーは英語(cauliflower) からきており、そのフラワーは花の意味のフラワーである。だがカリフラワーは花ではない。

食用にしているのは花の芽（花芽《かが》）である。花のもとになる芽ができ、それが発達して蕾《つぼみ》となり、蕾が開いて花になり、そして実ができる。カリフラワーの食用の白い部分は、花芽のもとができはじめた状態で止まっているもの、すなわち未発達の花芽である。

カリフラワーに似た野菜にブロッコリーがある。両者は同じ種類である。ブロッコリーもキャベツの仲間で、食用にしているのは花芽が発達して蕾化したものである。

カリフラワーとブロッコリーの花芽は、肥大した茎（花茎）が支えている。花芽とともにその茎も食用とされている。

28　メキャベツはキャベツの芽？

シチューやクリーム煮などに用いられるメキャベツは、キャベツ（もしくはケール）から突然変異で生じたもの、と考えられている。

原産地はベルギーのブリュッセル付近とみられており、英語ではメキャベツをブリュッセル・スプラウト（Brussels sprouts ブリュッセルの新芽）という。わが国には明治時代初年に導入され、子持ち葉ぼたん、姫《ひめ》キャベツ、子持ち甘藍《かんらん》などと呼ばれた。

メキャベツ（芽キャベツ）をキャベツの芽と思っている人がいるが、メキャベツはキャベツの芽ではない。メキャベツを育ててもキャベツにはならない。メキャベツはキャベツの仲間ではあるが、別種のものである。メキャベツはメキャベツという植物の茎にできる小さな球である。

植物は茎が体の中軸を成しており、茎から葉が出ていて、葉の本体は葉柄《ようへい》によって茎とつながっている。その葉柄の付け根のところに芽ができる。それを側芽《そくが》（あるいは腋芽《えきが》）

という。その側芽が球になったのがメキャベツである。キャベツにも側芽がある。だがそれは球にはならない。キャベツからメキャベツはできない。

29　キャベツを収穫しないでそのままにしておくと…

キャベツは生長するにつれて葉が何層にも重なりあい、球状になる。まず外側の葉から生長し、次に内部の葉が育ち、徐々に丸まっていく。キャベツは結球したものを食べているので、球状になると収穫される。それを収穫せずにそのままにしておいたら、キャベツはどうなるだろうか。

植物の種をまくと、やがて発芽する。そして生長すると、花を咲かせ、実をつけ、種をつくる。それが植物の一般的なライフサイクルである。

キャベツも例外ではない。球状になったキャベツが収穫されずにそのままにされ、枯れずに冬を越して春を迎える。そうすると球から茎が伸びてくる。それをトウが立つというが、やがて花が咲き、実をつけ、種子ができる。それはキャベツと同じように結球するハクサイも同様である。

キャベツは菜の花によく似た黄色い花を咲かせる。菜の花（アブラナ、油菜）はアブラナ科の植物で、この科の植物は四枚の花弁が十の字に並ぶ花（十字花）を咲かせる。じつはキャベツもアブラナ科の野菜である。ちなみに（クサイやカブも同じくアブラナ科で、黄色の十字状の花を咲かせる。

30　レタスとキャベツの関係は？

レタスとキャベツは外見がよく似ている。どちらも葉が巻いていて球状になっており、また両方とも生食されている。両者はいったいどんな関係なのか。仲間だと思っている人がけっこういる。本当はどうかといえば、仲間ではない。両者は何の関係もない。

レタスはキク科の植物で、キャベツはアブラナ科である。前項で紹介したようにキャベツの祖先はケールという野菜で、キャベツはそれが結球したものだが、レタスはチシャが結球したものである。チシャはキク科の一、二年草で、世界中で栽培されており、日本でも平安時代以前から栽培されていた。古くはチサと呼んでいたようで、それはチチクサ（乳草）が転じたものと考えられている。チシャの茎葉を切ると白い乳のような液が出てくる。そこでチチクサと呼ばれ、チチクサ→チサ→チシャと変化したらしい。

日本で古くから栽培されていたそのチシャは、結球しないものであった。チシャのなかには結球するタイプのものがあり、日本ではタマチシヤ（タマは玉の意味）と呼ばれていた。現在はそれをレタスと呼んでいる。ちなみにレタス(lettuce＝英語）という言葉は、乳を意味するラテン語のラーク（lac）に由来する。レタスを切ると乳液が出ることによる。

結球性のタマチシャ（レタス）は十六世紀にヨーロッパ（地中海地域）で誕生している。日本へは幕末にアメリカからはじめて渡来し、明治時代になって栽培されるようになった。

31 ミョウガを食べると物忘れする？

日本原産の野菜はたいへん少ない。その一つであるミョウガは古くは「メガ」と呼ばれていた。それは一説に「芽香」の意味といわれている。メガが転じてミョウガとなり、「茗荷」という漢字が当てられるようになった。

ミョウガを食べると物忘れするという俗信がある。江戸時代にすでにそのように言われていた。この俗信はどこから出たものか。

『閑窓瑣談《かんそうさだん》』（天保十二年・一八四一）という随筆にその由来が記されている。釈迦の弟子に般特《はんどく》という者がいた。般特は自分の名前を忘れるほどの愚か者で、名を書いて首にかけて歩いた。死後、般特の墓から草が生えてきた。それがミョウガだというのである。この故事からミョウガを食べると物忘れするという俗信が生まれたという。

この俗信は今日ではまったく信じられていない。江戸時代においても、すべての人が信じていたわけではない。「忘れ草とは茗荷だとは馬鹿の説」という江戸川柳がある。この作者は俗説を否定している。ミョウガ（ハナミョウガ）は生食、煮食され、また薬味として用いられているが、ミョウガを食べたために物忘れをするようになったという話はまったく耳にしない。しかし、この俗信は今もなお根強く生きている。

32 加藤清正が伝えた野菜とは

大正七年（一九一八）に出版された『英和大辞典』（井上十吉著・至誠堂）では、ある野菜を意味する英語が「キヨマサニンジン」と和訳されている。その野菜は今日では別の名で呼ばれているが、その野菜は何かおわかりだろうか。キヨマサニンジンを漢字で書けば「清正人参」で、それはセロリのことである。セロリはセルリーともいうが、この野菜はかつてキヨマサニンジンと呼ばれていた。

セロリはセリ科の一、二年草で、野生種がヨーロッパ中南部からエジプトにかけて自生している。十六世紀ころから栽培がはじめられ、最初はイタリアで行なわれ、フランスやイギリスに伝わった。日本では明治時代になって本格的に栽培されたが、実物はそれ以前に渡来していた。キヨマサニンジンのキヨマサは、織豊・江戸時代前期の武将、加藤清正である。どうして彼の名がついているのか。小野蘭山《おのらんざん》の『本草綱目啓蒙《ほんぞうこうもくけいもう》』（享和三年・一八〇三）に「キヨマサニンジン、芸州広島毛利元就の城跡に多く生ず。朝鮮征伐の時、加藤清正取来ると云伝ふ」とあり。また岩崎灌園《いわさきかんえん》の『本草図譜《ほんぞうずふ》』（文政十一年・一八二八）には「加藤清正、朝鮮にて人参の種と偽られて持ち帰り、今、世に伝ふ」とある。

セロリは豊臣秀吉の朝鮮出兵の際に、加藤清正が持ち帰ったといわれており、『本草図譜』によれば、清正はそれをニンジンの種と思って持ち帰ったという。セロリがかつて、キヨマサニンジンと呼ばれたゆえんである。

33　ウドの大木はどれくらい大きくなるのか

ウドはウコギ科の多年草で、日本各地の山野に自生している。古くは自生のものが食べられていたが、江戸時代になって栽培が行なわれるようになった。今日では一般に、栽培されたものがウドと呼ばれ、自生のものはヤマウドと呼ばれている。

ウドは若い茎を食用にしている。茎が六〇～七〇センチくらいに生長したところで収穫する。では収穫せずにそのままにしていたら、ウドはどうなるのか。「ウドの大木」という諺がある。そのままにしていたら、どんどん生長して大木になるのだろうか。大木になるとしたら、いったいどれくらい大きな木になるのか。

ウドは生長すると一～一・五メートルくらいになり、ときには二メートルに達することもある。「ウドの大木」とはいっても、木のように大きくなるわけではない。「ウドの大木」は、大きいだけで何の役にも立たない者をたとえた諺である。ウドは生長すると茎が伸びて大きくなるだけで食用にはならない。また建築用の材木にもならない。そこで「ウドの大木、柱にならぬ」という諺もある。

ウドは古くは「独揺草《どくようそう》」とも呼ばれた。『下学集《かがくしゅう》』（文安元年・一四四四）によれば、それはこの草が風がなくても、独《ひと》り自《みずか》ら揺《うご》くからだという。ウドを漢字で「独活」と書くのも同じ理由による。

34　ハクサイとキャベツはどちらが新しいか

ハクサイとキャベツ。両者は日本国内で生産量が多い野菜のベスト5に入っている。どちらも日本人がよく食べている野菜である。ハクサイとキャベツは日本原産の野菜ではない。外国から渡来したものだが、いったいどちらが新しいのか。

キャベツのほうが新しい。そう思っている人が多いようである。（クサイは古くから食べられていたように思われるからである。ハクサイはすでに奈良時代のころにはあったと思っている人もいる。だがそれは誤りである。ハクサイとキャベツでは、ハクサイのほうが新しい。

キャベツが日本にはじめて入ってきたのは幕末（安政年間、一八五四〜六〇年）で、明治時代になって本格的に栽培されるようになった。一方、ハクサイが日本にはじめて渡来したのは慶応二年（一八六六）といわれているが、明治八年（一八七五）、中国から東京市の博物館に根つきの山東《さんとう》ハクサイが三株出品され、そのうちの二株を愛知県植物栽培所がもらい受け、栽培したのが、ハクサイの日本への導入の最初とされている。

中国ではハクサイは古くから栽培されていた。日本は昔から中国のものをいろいろ取り入れているのに、ハクサイが中国から伝わったのは、明治時代になってからであった。

35　ホウレンソウのホウレンとは

ポパイの漫画でおなじみの栄養価の高い野菜、ホウレンソウ。それを漢字で書けば「菠薐草」。「菠薐」はどちらもふだんはほとんど使わない字である。ホウレンソウはたいてい片仮名か平仮名で表記しており、漢字はめったに使われない。ホウレンソウのホウレン（菠薐）はいったいどういう意味なのか。

ホウレンソウはペルシャ（現イラン）が原産地とされている。七世紀に中国に渡来し、日本には江戸時代初期に中国から伝わった。図説百科事典『和漢三才図会《わかんさんさいずえ》』（正徳五年・一七一五）に「この菜（＝菠薐草）は頗陵《はりょう》国の種にして、西域の僧、其《そ》の子を将《もち》いて来る故に波稜《はりょう》（菠薐）と名《なづ》く」とある。

ホウレンソウは中国には頗陵国からもたらされたという。その頗陵国とはペルシャのこととされているが、ネパールを指しているとの説もある。頗陵国から伝わったその野菜を中国では「波稜」または「菠薐」と称した。その菠薐の中国語の発音（ポーリン）から、日本ではホウレン（ホウレンソウ）と呼ばれた。

すなわちホウレンソウのホウレンは「菠薐」の中国語読みをなまったものである。

江戸時代、ホウレンソウには毒があると思われていた。貝原益軒《かいばらえきけん》の『大和本草《やまとほんぞう》』（宝永六年・一七〇九）に「人を益せず、黴毒あり」とある。昔、女性は成人すると、鉄漿をつけて歯を黒く染めた。いわゆるお歯黒である。江戸時代には、お歯黒をしてすぐにホウレンソウを食べると死ぬといわれていた。

36　ジャガイモとサツマイモは同じ仲間ではない

ジャガイモとサツマイモはどちらもイモ（芋）と呼ばれており、食品としてはよく似ている。両者を仲間と思っている人もいるかもしれない。ところが両者の間にはたくさんの違いがある。

まずジャガイモはナス科の植物で、サツマイモはヒルガオ科の植物である。だからジャガイモは同じナス科のトマトと、サツマイモは同じヒルガオ科のアサガオと、接ぎ木することができる。栽培方法も両者は異なる。ジャガイモは種イモを畑に直接まいて育てるが、サツマイモは苗をつくり、それを移植して栽培する。

このほかにも違いがある。ジャガイモとサツマイモは地中にできる。サツマイモを地中から掘り出すと、イモのまわりに細かい根がついている。ジャガイモにはついておらず、その表面はつるつるである。

じつは、サツマイモのイモは根である。根が肥大したもの（塊根《かいこん》）で、ジャガイモのイモは茎（地下茎）が肥大したもの（塊茎《かいけい》）である。

37　ホウレンソウは発熱する

野菜は収穫されたあとでも生きている。呼吸をしている。そして呼吸をするとき熱をだしている。

収穫した野菜を段ボールなどに詰めて蓋をしておくと、呼吸熱が箱のなかにこもって温度が上昇する。野菜の呼吸量は温度に比例している。温度が上がると呼吸が盛んになり、発熱も激しくなり、野菜自身の温度も上昇する。その結果、野菜の品質が悪化することになる。

呼吸による発熱は野菜によって異なる。発熱量が多いものもあれば、少ないものもある。発熱量の多い野菜としては、ホウレンソウ、サヤエンドウ、サヤイングン、カリフラワー、アスパラガスなどがある。キュウリ、キャベツ、トマトは中ぐらいで、ジャガイモやタマネギなどは発熱量が少ない。発熱量の多いものほど、品質が劣化するスピードが早い。

また野菜の呼吸は、①収穫後にもっとも盛んになり、その後は次第に低下する。②収穫後は低下し、途中で盛んになり、その後は低下する。③収穫後は低下し、しばらくしてから盛んになる、など野菜の種類によって異なる。野菜の多くは最初のような呼吸の仕方をするという。

38　ダイコンは一皮むけて大きくなる

ヘビやセミなどは皮（古い皮）を脱ぎ捨てながら成長していく。それを脱皮という。爬虫《はちゅう》類や昆虫の脱皮はよく知られているが、野菜のなかにも脱皮をするものがあるのをご存じだろうか。脱皮をするのはダイコンである。

ダイコンの種を畑にまく。すると二、三日で発芽し、七、八日で子葉が開き、その後、本葉が二、三日に一枚の割合で増えてくる。そして葉が三、四枚になったころ、根の上の部（胚軸の部分）の皮が破れ、はがれる。つまりダイコンは脱皮する。それを初生皮層《しょせいひそう》の剥離という。

そして脱皮とともに根は肥大していく。一皮むけて大きくなっていくわけである。

肥大しながら根は下へ伸びていく。種類によっては生育とともに根の上部（胚軸部）が地上に伸び、露出する。そうしたタイプのものを抽根《ちゅうこん》型といい、上がり系ともいう。現在もっとも一般的なダイコンである青首ダイコンは、抽根型の代表的なものである。

39　ラッカセイの繁殖は雨まかせ

ラッカセイ（落花生）は南アメリカが原産で、日本には江戸時代初期に中国から入ってきており、南京豆ともいう。また唐人豆、唐豆、異人豆などの名もある。英語ではピーナッツ（peanut）という。

ラッカセイは豆の仲間である。エンドウマメやインゲンマメなど、ほかの豆類は地上で実を結ぶのに、ラッカセイは地中で結実するという変わった生き方をしている。ラッカセイは花が咲き終わると、子房《しぼう》の柄が下に向かって長く伸び、地中に潜り込み、そして実を結ぶ。一個の実（莢《さや》）のなかに、ふつう二個の種子が入っている。

植物はそれぞれ種子を遠くへ散布して、分布を広げるためのよい方法を考えだしている。ラッカセイの種子は土のなかでつくられる。地中だと、それを遠くへ散布することはできないではないか……。では、ラッカセイが考えだした方法とは？

ラッカセイの莢は網状の凹凸があり、熟すると乾燥して堅くなって軽くなる。そしてなかが空洞なので、水に浮くことができる。雨が降って川となり、川が土を削り流し、土のなかのラッカセイの種子を遠くへ運んでいく。ラッカセイは野生の状態ではそうやって繁殖してきたのだろうと考えられている。

40　ナスは草にもなり木にもなる

ナスはナスビともいう。『本草和名《ほんぞうわみょう》』(延喜十八年・九一八頃)に「茄子、奈須比」とあり、古くはナスビといった。その語源については一説に、えぐ味があることから、中酸味《なかすみ》、そしてナスビになったという。ナスはインド原産とされている。日本への渡来の時期ははっきりしない。正倉院文書(天平勝宝二年・七五〇)に茄子の記述が見える。

ナスについて、ある国語辞典は「ナス科の一年草。インド原産。広く温帯・熱帯で栽培される。果実は倒卵形、または球形で、食用とするため栽培」と説明している。この記述には厳密にいえば、間違いがある。それはどの部分かおわかりだろうか。記述には、「ナス科の一年草」とあるが、じつはナスは多年草でもある。

日本ではナスは一年草として栽培されている。収穫後は枯れてしまい、一年しか生きない。ところが熱帯地方には多年生のナスがある。何年も生き、そして年々大きくなり、茎や枝が木化し、樹木のようになる。

すなわちナスは草になったり、木になったりする。同じようにトウガラシやタバコも、草にもなり木にもなる。

▼野菜のおいしい話

41　白ネギは切るほどうま味が減る

ネギには大きく分けて根深ネギと葉ネギがあり、前者は白ネギ、後者は青ネギとも呼ばれている。その白ネギをおいしく味わう方法をご紹介しよう。白ネギはじつは切れば切るほどうま味が減る。

ネギはアリインという物質（硫化アミノ酸）を含んでいる。白ネギを包丁で切ると、細胞が破壊されて、そのなかの酵素の作用を受け、アリシンという刺激臭のある物質が生じる。このアリシンは辛味のもとでもある。ところでアリインはうま味成分である。ネギを切ると、それが辛味に変化し、ネギが持っているうま味を減らしてしまう。つまり切れば切るほど、うま味が失われることになる。

酵素の作用を止めれば、白ネギの本来のうま味が味わえる。そのためには、切らないこと。また加熱すると酵素のはたらきを止めることができる。そこで丸ごと一本(切る場合にはなるべく長く切り)、焼いて食べると、おいしく味わうことができる。

42　レバニラは本当にスタミナ食なのか

疲労を感じたとき、スタミナのつく食べものとして、レバニラーライスを食べたりする。だがレバニラーライスははたして本当にスタミナ食なのだろうか。それを食べたらスタミナがつくのだろうか。

私たちは全エネルギーの約五〇～六〇パーセントを糖質から得ている。糖質はご飯やパンや麺類などに含まれている。その糖質が体内でエネルギー源となるためには、酵素によって分解されなければならない。

その酵素の働きを助けているのがビタミンB1である。ビタミンB1はエネルギーの生産に大きく関わっていることから、スタミナのビタミンB1とも呼ばれている。ビタミンB1はブタ肉、ウナギ、そしてブタやトリのレバーなどにも多く含まれている。

ニラにはアリインという成分が含まれており、ニラを切ったりして調理すると、アリシンという成分に変化する。アリシンはビタミンB1の活性を高める働きがある。だからレバー（＝ビタミンB1）にニラ（＝アリシン）が加わると、糖質のエネルギー生産が効率的に行なわれることになる。

レバニラーライス（レバニラ炒め）は栄養学的にもスタミ

ナ食といえる。

43　ゴボウの知られざる効果とは

ゴボウは食物繊維を豊富に含んでいる。その量は可食部一〇〇グラムにつき約六グラムで、野菜のなかではダントツである。

食物繊維には水溶性と不溶性のものがあり、野菜の食物繊維は不溶性のものが多い。だがゴボウはどちらも多い。ちなみにゆでたゴボウの場合、食物繊維の量は水溶性が二・七グラム、不溶性が三・四グラムである。

食物繊維は便通を整える働きがあり、便秘に効果がある。また腸内での糖分の吸収を遅くし、急激な血糖の上昇を防ぐため、糖尿病の予防にも効果がある。ゴボウはポリフェノールも多く含んでいる。これは抗酸化作用をもつ物質で、抗ガンや老化予防に効果がある。

あまり知られていないが、ゴボウには臭みを消す効果もある。伊豆諸島名産の魚の干物で、強烈な匂いがするクサヤという食べものがある。ゴボウをすりおろして、そこにクサヤを浸してみたところ、クサヤの臭さはほとんど感じられなかったという。

クサヤの悪臭を消したのはゴボウに含まれている酵素とポリフェノールである。それらの物質は皮の部分に多く含まれるので、皮を厚くむくと、消臭効果は落ちてしまう。

44　ダイコンはなぜ下のほうが辛いのか

ダイコンは部位によって味に違いがある。葉に近い上のほうは甘く（辛味が弱く）、下のほうは辛い。ダイコンによってはワサビのように辛いものもある。ダイコンは下に行けば行くほど辛くなり、先端部分がもっとも辛い。それはなぜなのか。

ダイコンの辛味の主成分は含硫化合物の一種のイソチオシアネート類。ダイコンには各種の酵素が含まれており、ダイコンをおろしたり切ったりして、細胞が壊れると、辛味成分と酵素（ミロシナーゼ）が触れ合い、辛味が発生する。辛味成分はダイコンの下に行くほど多く含まれている。また酵素は下に行くほどよくはたらく。

ダイコンの先端部分がもっとも辛いのは生長と関係がある。ダイコンは先端の部分の生長が盛んで、活発に細胞分裂を繰り返す。先端部分に辛味成分が多いのは、生長点に害虫を寄せつけないためだという。辛味が抗菌の働きをしているわけである。

また先端部分は生長が著しいため、酵素の活性が高く、辛味成分から辛味をよく引きだす。

45　毛穴が斜めのダイコンは辛い

スーパーや八百屋で売られているダイコンには、ヒゲ根が落とされ、毛穴だけが残っているものが多い。その毛穴がダイコンの味を見分けるのに大いに役立つことをご存じだろうか。

ダイコンをよく見比べてみると、毛穴が縦に整然と並んでいるものと、きれいに並んでいないもの（斜めに並んでいるもの）があり、前者と後者では味に違いがある。毛穴が斜めに並んでいるダイコンのほうが辛味が強い。

ダイコンはその先端が螺旋状になっており、ドリルのように回転しながら生長する。毛穴が斜めになっているダイコンは、よく回転した、すなわち急激に生長した証拠である。その結果、辛味が強くなったと考えられている。

ダイコンの品種や産地によっても異なるが、もっとも一般的な青首ダイコンでは、毛穴が斜めのもののほうが整然と並んでいるダイコンより、辛味成分の量が多く、また辛味を引き出す酵素の活性が高いことがわかっている。

46　切り干しダイコンの栄養は、約15倍に濃縮されている

ダイコンを切って干したものを「切り干しダイコン」という。切り干しにすると長く保存することができる。また切り干しダイコンは生のものより栄養が豊富である。『五訂食品成分表』で生のダイコンと切り干しダイコンの成分を比較してみると、多くの成分で切り干しダイコンのほうがはるかにまさっており、生の一〇～二〇倍ある。

たとえばカリウムでは生のダイコンでは可食部一〇〇グラムあたり二三〇ミリグラムだが、切り干しダイコンは三二〇〇ミリグラムである。カルシウムでは生が二四ミリグラム、切り干しが五四〇ミリグラム、ビタミンB1では生が〇・〇二マイクログラム、切り干しが〇・三三マイクログラム、食物繊維では生が一・四グラム、切り干しが二〇・七グラム。またエネルギーでは生が一八キロカロリー、切り干しが二七九キロカロリーである。切り干しのほうが少ないのはビタミンCくらいで、切り干しではビタミンCはほとんどなくなっている。

切り干しダイコン一〇〇グラムを作るのに必要な生のダ

イコンは約一五〇〇グラム。つまり切り干しダイコンは約一五倍に濃縮されているわけである。だから一定重量における栄養の割合は、切り干しダイコンのほうがとうぜん高くなる。切り干しダイコンは栄養も濃縮されている。

47　モヤシにははたして栄養はあるのか

色白で茎がヒョロヒョロと伸びたモヤシは、ひ弱さのたとえとしてよく用いられる。背の高くて細身の子を「モヤシっ子」などと言ったりする。モヤシは弱々しく見え、栄養もほとんどないかのように思えるが、実際はどうなのか。

モヤシの原料としては、現在では主に緑豆《りょくとう》が用いられている。その緑豆モヤシは『五訂食品成分表』によれば、可食部一〇〇グラムあたり、ビタミンCをハミリグラム含んでいる。

そのビタミンCは豆の状態ではほとんどなかったもので、発芽しモヤシになる段階で合成されたものである。モヤシは発芽して一週間くらいで出荷されるが、発芽後、日を追ってビタミンCが増えていく。ちなみにビタミンCの量を他の野菜と比べると、レタスが五ミリグラム、サラダナが一四ミリグラム、トマトが一五ミリグラムである。

モヤシはカリウム、ビタミンB群、鉄なども含んでいる。いずれの栄養素もそんなに多いものではないが、モヤシはけっして栄養がないわけではない。なお緑豆モヤシのカロリーは一四キロカロリーで、それはハクサイと同じカロリーである。

48　アスパラガスの白と緑の違いは？

アスパラガスには白色のものと、緑色のものがあり、前者はホワイトアスパラガス、後者はグリーンアスパラガスと呼ばれている。両者の違いは栽培方法の違いによる。

アスパラガスは茎状の若い芽の部分を食用とする。株から芽が出てきたとき、その芽が日光に当たらないように、土を盛って覆う。そして芽が地上に出ないうちに、根元から切り取る。それがホワイトアスパラガスで、芽に光が当たらないので黄白色になる。一方、盛土をせずに日光に当てて栽培したものがグリーンアスパラガスである。ホワイトのほうは生での保存性がよくないので、たいてい缶詰や瓶詰にされている。

アスパラガスのホワイトとグリーンは、栄養価においても違いがある。両者の栄養素を比較してみると、カリウム、リン、葉酸、カロテン、ビタミンB1・B2・B6、ビタミンC、ビタミンEなど、いずれもグリーンのほうが多い。とくにグリーンにはカロテンが多く、ホワイトにはほとんどない。栄養価の点ではグリーンアスパラガスのほうが高い。

49 ピーマンの緑と赤の違いは？

ピーマンはトウガラシの仲間である。フランス語でトウガラシのことをピマン（piment）という。日本語のピーマンはそれに由来する。ちなみに、フランス語ではピーマンはポワヴロン（poivron）という。

ピーマンには緑色と赤色のものがある。緑のピーマンは未成熟のピーマン。成熟していないので緑色をしている。赤のピーマンは緑のピーマンが熟したものである。緑のピーマンには苦味があり、赤のピーマンには甘味がある。ピーマンの緑と赤の違いはそれだけではない。栄養価にも違いがある。

ピーマンはビタミン類を豊富に含んでいるが、ビタミンB1・B2・B6・C・E、葉酸の量は、いずれも赤のピーマンのほうが多い。たとえばビタミンCでは緑のピーマンが七六ミリグラム（可食部一〇〇グラムあたり）であるのに対し、赤のピーマンは一七〇ミリグラムである。緑のピーマンは未熟なので、熟した赤のピーマンに比べ、栄養価が低い。

50 タケノコのえぐみはいつできるのか

タケノコにはえぐみがある。ところが土のなかから掘り出したばかりのタケノコは、そのまま生で食べても、えぐみはほとんど感じられない。それではいったい、えぐみはいつできているのだろうか。

土のなかにあったタケノコは、やがて土から穂先を出す。そのタケノコを食べてみると、かなり強いえぐみを感じる。土から穂先を出したタケノコは太陽を浴びることになる。太陽を浴びたタケノコはすくすく生長していく。そうなると、竹に生長していくための必要な成分をつくりはじめる。そして同時に、えぐみもつくられる。

えぐみは、収穫後も時間がたつにつれて増えていく。収穫されたタケノコは栄養が断たれて、もはや生長できない。だが、えぐみの成分だけはつくられるので、収穫して時間が経過したものほどえぐみは強くなる。

えぐみの少ないタケノコの選び方のポイントは、穂先の緑色が薄いものにすること。またタケノコの根元の部分にある突起も見分けるポイントになる。収穫後、時間の経過とともに突起の色が濃くなってくる。

51　キュウリはなぜ緑黄色野菜ではないのか

料理や健康の本には、緑黄色野菜という言葉がよく登場する。それを文字どおり解釈すれば、緑色や黄色の野菜ということになるが、トマトは赤い色をしているのに緑黄色野菜であり、キュウリは緑色をしているのに緑黄色野菜ではない。それはなぜなのか。そのわけは、緑黄色野菜は見た目の色で区別されているのではないからである。

野菜は色の濃い有色野菜と、色の薄い淡色野菜に大別される。その有色野菜のなかで、カロテンという成分を可食部一〇〇グラムあたり六〇〇マイクログラム以上含むものが緑黄色野菜とされている。

その代表的なものはカボチャ、ニンジン、コマツナ、ホウレンソウ、ニラ、シュンギク、ブロッコリー、サラダナ、ダイコン（葉）カブ（葉）など。

カロテンの含有量が基準に満たないものでも、カロテン以外の栄養素を豊富に含んでいるものは緑黄色野菜とされている。トマト、ピーマン、アスパラガスなどがそうである。キュウリのカロテンの含有量は三三〇マイクログラムで、基準以下である。それにほかの栄養素もあまり含んでいない。そこでキュウリは緑黄色野菜には入れられていない。

52　キュウリには毒がある!?

現在、われわれ日本人が食べている野菜のなかには、昔はあまり好まれていなかったものがある。水戸黄門（徳川光圀《とくがわみつくに》）の逸事・逸話が記された『桃源遺事《ももげんいじ》』という伝記がある。この伝記によれば、黄門様はある野菜が嫌いで、その野菜について、「穢《けがれ》多し、食して仏神へ参詣すべからず。又毒多《おおく》して能少《のうすくな》し、何れにしても植《うえる》べからず。食べるべからず」といったという。その野菜とは?。

それはキュウリである。キュウリは古い時代に渡来しているが、昔は薬物として利用されていたようで、キュウリが野菜として重要視されるようになったのは江戸時代末期になってからといわれている。元禄十年（一六九七）に刊行された日本最初の体系的な農書『農業全書《のうぎょうぜんしょ》』（宮崎安貞《みやざきやすさだ》著）には「黄瓜又の名は胡瓜。是《これ》下品の瓜にて賞翫《しょうがん》ならずといへども、諸瓜に先立ちて早く出来るゆへ、いなかに多く作る物なり。都にはまれなり」とある。

貝原益軒《かいばらえきけん》もキュウリが嫌いだったらしい。『菜譜《さいふ》』（正徳四年・一七一四）のなかで、キュウリについて「是《これ》、瓜類の下品也。味よからず、且《かつ》小毒あり。性あしく、只《ただ》ほし瓜とすべし。京都にはあさうり（越瓜）多きゆへ、胡瓜を用いず」

と書き、けなしている。水戸黄門と同じように、益軒もキュウリには毒があると言っている。それは誤解である。一昔前までのキュウリには苦味があった。それが毒と思われたのだろうか。

53 レタスは重いものより軽いものがいい

目の前に、レタスが二個ある。二つは同じ大きさで、重さが違う。それを買うとしたら、あなたはどちらを選ぶだろうか。一方のレタスが重いのは中身がつまっているからだが、同じ値段なら、重いレタスのほうがトクと思う人がいるかもしれない。

レタスは重いものより軽いもののほうがよい。キャベツやハクサイなどは、葉がしっかり巻いていて、重いものがおいしいといわれている。レタスは逆に、軽めのほうがよい。葉がぎっしり詰まった重めのレタスは、育ち過ぎていて、葉が堅く、歯切れが悪く、苦みが出ていたりする。軽いもののほうが葉がやわらかくて味もよい。

レタスは球内の隙間《すきま》が大切である。歯切れがよく、おいしいレタスは押すと弾力があり、球内に適度の隙間がある。

このほかレタスの選び方のポイントとしては、形が丸いもので、茎（芯）の切り口が五百円玉くらいの、小さなものがよいといわれている。

54 ワサビの辛味をさらに辛くする方法とは

ワサビはトウガラシやカラシと同様に、辛味が命である。ワサビの辛味はすりおろすことで生じるが、あるものを少し加えると、ワサビのその辛味をさらに辛くすることができる。そのあるものとは？

それは砂糖である。ワサビをすりおろすとき、おろし板に砂糖を少しふりかけておろす。そうすると辛くなる。それはなぜなのか。

ワサビの辛味成分はアリルイソチオシアネートという物質。砂糖を加えたことによって、その辛味物質が増加したからではない。辛くなるのは砂糖の甘味によってワサビの苦みが消され、辛さが引き立ってくるかららしい。スイカに塩をふると、甘く感じられるのと同じである。塩をふりかけてもスイカの糖分が増すというわけではない。

ワサビに加える砂糖の量はほんの少しでよい。加え過ぎると甘くなってしまい、逆効果になる。またすりおろした後で砂糖を加えても辛くはならない。

55　ワサビは練る感じでおろせ

ワサビは日本原産の野菜の一つであり、その学名(Eutrema japonica)には、日本(japonica)という名が入っている。静岡、長野をはじめ各地で栽培されており、その根茎が香辛料として利用されている。寿司、刺身、蕎麦などにはワサビが欠かせない。

「ワサビはこわい顔でおろせ」という諺《ことわざ》がある。ワサビのあの特有の辛味をうまく引き出すためには、コツがある。いい加減なおろし方では、辛味を充分に引き出せない。この諺は、ワサビをおろすときにはへらへらせずに、しっかりとおろせと言っているのである。

ワサビの上手なおろし方は、サメ皮などの目の細かいおろし器を用い、「の」の字を書くようにゆっくりとすり、細胞をよくすりつぶす。「ワサビはすると思うな、練ると思え」という諺がある。するのではなく、練るような感じでおろす。

ワサビには辛味とともに特有の香りがある。ワサビをおろした直後は苦味が強く、三分ほどたつと苦味が消え、辛味がもっとも強くなり、香りのほうは五分後くらいが最大になる。ワサビはおろして放置しておくと、辛味と香りはなくなってしまうので、食べるときに必要な量だけおろすのがよい。

56　ショウガが魚の臭みを取るわけは

魚を煮るとき、よくショウガを用いる。魚には特有の匂い(臭み)がある。その主成分はトリメチルアミンという物質である。この物質は煮魚にしたとき、もっとも強く感じられる。そこで魚を煮るとき、その匂いを消すためにショウガを用いる。

ショウガを加えて魚を煮ると、魚の臭みが弱くなる。それはなぜなのか。ショウガに含まれている物質が、魚の臭み物質を壊してしまったからなのか。

そうではない。ショウガにはショウガならではの香りがある。その香りの成分は二〇〇種類以上あるといわれている。ショウガを加えると魚の臭みがあまり感じられなくなるのは、ショウガの香りが臭みを覆っているからである。

ショウガの香りはほかにも効用がある。その香りは食欲を増進し、脳のはたらきを活性化するといわれている。ショウガには辛味の成分も含まれているが、それには殺菌作用、発汗作用、健胃作用など、多くの働きがあることが知られている。

57　おいしいトマトの簡単な見分け方

トマトのその真っ赤な色は食欲をそそる。トマトの実ははじめは緑色をしており、熟してくると赤く色づく。トマトを選ぶときには赤い色の濃いものがよいといわれている。だが色の濃いものが必ずしもおいしいとは限らない。色の濃さはおいしさの決め手とはならない。

トマトのおいしさを見分ける簡単な方法がある。それは水に浮かべるだけ。目の前にトマトが何個かあるとしよう。いずれも真っ赤に熟していて、どれも同じようなおいしさがあるように思われる。それらを水に浮かべてみると、沈むものもあれば、浮かぶものもあるだろう。

それで見分けがつく。沈んだトマトのほうが浮かんだトマトよりおいしい。トマトのおいしさの条件は、糖度が六度以上で、酸が〇・五パーセント以上。沈むトマトは糖度（甘味）、酸（酸味）ともに高く、味が濃くておいしい。一方、浮くトマトは糖度、酸が少なくてコクがない。

58　野菜のアクっていったい何なのか

ホウレンソウ、タケノコ、ワラビなどを料理するとき、アク抜きをする。野菜に含まれている苦味、えぐ味、渋味など不快な味をもたらす成分は「アク」と呼ばれており、アクが強いものはアク抜きしてから食べる。野菜のアクは悪いもの、だからアク（悪）と呼ばれるようになったと思っている人がいるかもしれない。アクは漢字では「灰汁」と書く。

アクはもともとは植物の灰を水に溶かして沈澱させたあとの上澄みのことであった。だから漢字では「灰汁」と書く。この液はアルカリ性で、洗浄、漂白などの作用があり、古くから洗剤として用いられてきた。

「あくのない葉は小松だと唐で誉め」という江戸川柳がある。小松はコマツナのこと。江戸時代、アクは植物のなかに含まれる渋味、えぐ味のある液という意味にも用いられるようになる。そして今日、肉を煮たときに浮いてくる白っぽいもの（たんぱく質や脂肪が固まったもの）も、アクと呼んでいる。

野菜に含まれているアクの成分は、マグネシウム、カリウム、シュウ酸、アルカロイド、タンニン、などである。そのアク抜き法の一つに、さっと茹《ゆ》でて抜く方法がある。野菜のアクの成分は主に細胞膜の内側にある。細胞膜は半透性で、水分子は通すが、アクの成分は通しにくい。茹でると細胞膜が半透性でなくなり、細胞内のアクの成分が出やすくなる。このとき同時に栄養分やうま味の成分も出ていくので、手早く茹でるのが大切である。

59　シイタケに日光浴させると、ビタミンDが増える

人間の骨の主成分であるカルシウムの吸収には、ビタミンDが欠かせない。ビタミンDはカルシウムの腸からの吸収を助けるとともに、血液中のカルシウムを骨へ運ぶのも助けている。人間の皮膚には7-デヒドロコレステロールという物質がある。これが紫外線にあたるとビタミンDが合成される。だから丈夫な骨をつくるためには日光にあたることが大切である。

日光にあたるとビタミンDができるのは、シイタケも同じである。シイタケはもともとビタミンDを含んでおり、またエルゴステロールという物質も含んでいる。このエルゴステロールは紫外線に当たるとビタミンDに変わる。それはシイタケの笠の裏の部分に多く存在している。その部分を太陽光にあてるようにして日光浴させれば、ビタミンDが増えることになる。

生シイタケと干しシイタケを比べると、干しシイタケのほうがビタミンDの含有量は多い。『五訂食品成分表』によれば、可食部一〇〇グラムあたり、生シイタケのビタミンDは二マイクログラム、干しシイタケのほうは一七マイクログラムで、七～八倍多い。

60　ジャガイモのビタミンCは熱に強い

ビタミンCが熱に弱いことはよく知られている。たとえばホウレンソウのビタミンCは三分間茹《ゆ》でると約半分に減り、五分だと約六割は失なわれてしまう。だが食べものによっては加熱しても、あまり壊れないものがある。たとえばジャガイモがそうである。

ジャガイモには意外にビタミンCが多い。可食部一〇〇グラムあたり、三五ミリグラムのビタミンCを含んでいる。なお、サツマイモもビタミンCの含有量が多く、ジャガイモと同じくらい含んでいる。ジャガイモとサツマイモのビタミンCは、どちらも熱に強い。野菜を茹でると、ふつうビタミンCが茹で汁のなかに流出してしまうが、ジャガイモとサツマイモのビタミンCは加熱してもあまり失なわれない。

ジャガイモを丸ごと四〇分蒸したとしても、ビタミンCは四分の三は残っている。ジャガイモやサツマイモにはデンプン質が多い。加熱するとデンプンが溶けて糊《のり》状になり、それに包まれるので、ビタミンCの損失が少ないわけである。

野菜類は保存（貯蔵）によってビタミンCはかなり減少するが、ジャガイモとサツマイモのビタミンCは保存中の減少が少ない。たとえば、ジャガイモを室温で五か月間保存しても、約二〇パーセントしか減らない。

61　リンゴでジャガイモの毒芽をストップ

ジャガイモを放っておくと、芽が出てくることがある。その芽はソラニンという有毒物質を含んでいる。ソラニンはジャガイモそのものにも含まれているが、その量は可食部一〇〇グラムあたり二〜一五ミリグラムで、少量なので人体には害はない。ところが芽は多量のソラニンを含んでいる。ソラニンは頭痛、嘔吐《おうと》、腹痛などの中毒症状を起こす。四〇ミリグラムが致死量といわれている。芽が出たジャガイモを食べるときには、芽を取り除くことが必要である。

ジャガイモを保存するとき、ある果物を一緒にしておくと発芽を抑えることができる。その果実とは？　それはリンゴである。リンゴがジャガイモの芽を出にくくするのは、リンゴがもっているエチレンという植物ホルモンの一種の作用による。エチレンには果実の成熟を促進したり、逆に種子の発芽を抑制したりするなど、種々のはたらきがある。リンゴは果物のなかでもっとも多くエチレンをつくりだす。ジャガイモはそのエチレンの影響を受けやすく、エチレンによってジャガイモの芽の生長が抑えられるので、芽が出にくくなる。

62　石焼きイモはどうしておいしいのか

江戸時代、焼きイモ屋では「八里半」とか「十三里」などと書いた看板（行灯《あんどん》）を出していた。「八里半」は栗《くり》（＝九里）くらいにおいしい（栗のうまさにはやや劣る）、「十三里」は栗（＝九里）より（＝四里）おいしいという意味である。

サツマイモはふかしたり、煮たりしても食べるが、そのおいしさは焼きイモにしたときが一番である。それも石で焼いたものは最高においしい。それはなぜなのか。

サツマイモはデンプンをたくさん含んでいる。サツマイモを焼くと、イモのなかに含まれているβ・アミラーゼという酵素の働きによって、デンプンが糖（麦芽糖）に変わるからである。その酵素がもっとも活発に働くのが、温度が六〇〜七〇度Cくらいのあいだである。だから六〇〜七〇度Cの温度を長く保っておけば、デンプンを十分に糖化することができる。石焼きイモはその条件に適している。それにイモの水分が蒸発するので、糖分の濃度が高くなり、それだけ甘くなる。石焼きイモがおいしい理由である。

なお電子レンジを使って焼きイモをつくると、酵素がうまくはたらかないので、石焼きイモよりも甘味が弱くなってしまう。

63　食物繊維が多い意外な野菜とは

食物繊維が多い食べものは何かと問われたら、あなたは何を挙げるだろうか。おそらく多くの人がゴボウ、タケノコ、ダイコンなどを挙げることだろう。食物繊維という言葉から、筋っぽいものがイメージされる。そこでセロリを挙げる人もいるに違いない。食物繊維は、人間の消化酵素では分解されない食物中の難消化性成分と定義されている。

ゴボウはたしかに食物繊維を多く含んでいる。その量は可食部一〇〇グラムあたり五・七グラムである。ちなみにタケノコは二・八グラム、ダイコンは一・四グラム、セロリは一・五グラムである。このゴボウやタケノコより、もっと多く食物繊維を多く含んでいるものがある。それはラッキョウである。

あまり知られていないが、ラッキョウは野菜のなかで、食物繊維をもっとも多く含んでいるものの一つである。ラッキョウは鱗茎を食用としている。同じく鱗茎を食べるタマネギの食物繊維の量が一・六グラム、ニンニクのそれが五・七グラムであるのに対し、ラッキョウは何と二一グラムも含んでいる。ところが漬けもの（甘酢漬け）にすると、食物繊維は三・一グラムに減ってしまう。食物繊維には水溶性と不溶性がある。ラッキョウはその大部分が水溶性で、漬けものにすると、漬け汁に溶出してしまう。

64　ホウレンソウのビタミンCには季節で差がある

ほとんどの野菜は、季節によって栄養価に差がある。たとえばホウレンソウのビタミンCは、夏採りと冬採りでは、冬採りのほうが多い。『五訂食品成分表』では、夏採りは可食部一〇〇グラムあたり二〇ミリグラム、冬採りは六〇ミリグラムとなっている。野菜に含まれるビタミンC量は季節変動が大きいが、ホウレンソウではそれがとくに顕著である。

それぞれの野菜には生育に適した時期というものがあり、その時期に育ったものは味がよく、また栄養価も高い。

野菜の味がもっともよい季節を旬という。今日、野菜の多くは年中出回っていて、旬がなくなってきているが、それぞれの野菜にはもともとそれぞれの旬があり、旬の野菜のほうが栄養価が高い。

ホウレンソウは夏でも食べることができる。だが本来は冬の野菜である。ホウレンソウは冬が旬である。ホウレンソウは冬の寒さで甘くなる。糖分が増え、ビタミンCが増え、栄養価が高くなる。

65 ホウレンソウはたっぷりの湯で茹でる

ホウレンソウはふつう、茹《ゆ》でてアク抜きをしてから食べる。ホウレンソウのアクの主成分はシュウ酸で、ホウレンソウには一〇〇グラム中に、約九〇〇ミリグラムものシュウ酸が含まれている。シュウ酸はカルシウムと結びつく性質があり、カルシウムの吸収を低下させ、また結石の原因にもなるといわれている。

アクを抜くときには、沸騰したたっぷりめの湯で茹でる、とよく言われる。なぜ湯がたっぷり必要なのか。それにはもちろん、わけがある。アク抜きをするときには、ビタミンCなどの栄養分の損失を少なくするために、素早く茹でる。もし湯が少ないと、ホウレンソウを湯に入れたとき、湯の温度が一〇〇度Cから急低下し、再沸騰するまでに時間がかかるので、茹で時間が長くなってしまう。また少ない湯より、たっぷりの湯で茹でたほうがホウレンソウからシュウ酸が多く溶け出す。

たっぷりの湯で素早く茹でる。これがホウレンソウのアク抜きのコツである。

66 ダイコンは根より葉に栄養分が多い

ダイコンは主に根が食用にされている。スーパーや八百屋では葉つきのダイコンも売られているが、それを買っても、葉は切って捨ててしまう人がいる。

せっかく葉がついているのに、それを食べないのはもったいない。それというのも、ダイコンの葉には根よりも栄養分が多く含まれているからである。

『食品成分表』には根の成分とともに、葉の成分もちゃんと記されている。葉は食べることができ、栄養分が豊富だからだろう。『五訂食品成分表』によれば、ほとんどの成分で、その含有量は葉のほうがまさっている。たとえば可食部一〇〇グラムあたり（以下の数字の単位はミリグラム）、カルシウムは葉が二六〇で根が二四、鉄は葉が三・一で根は〇・三、カリウムは葉が四〇〇で根は二三〇、ビタミンB1は葉が〇・〇九で根が〇・〇二、ビタミンB2は葉が〇・一六で根は〇・〇一、ビタミンCは葉が五三で根は一二といった次第。根のほうがまさっているのは、水分ぐらいである。

67　エダマメは枝つきのほうがおいしい

ビールは俳句では夏の季語になっている。ビールといえば、エダマメである。エダマメも俳句では夏の季語である。今では一年中出回っているが、旬は七〜八月である。すでに平安時代には食べられていたらしい。エダマメはダイスの未熟なもので、熟すればダイスになる。収穫する時間によって味に違いがあると言い、朝方に収穫したものより、正午から夕方にかけて収穫したもののほうがおいしいそうである。

エダマメは枝つきのまま利用する。そこでエダマメと呼ばれるようになったらしい。どうして枝つきなのか。店でも枝つきのまま売られており、ゆでるときには枝つきのままゆでる。ソラマメなどほかの豆は枝つきではないのに、エダマメだけが枝つきである。エダマメは昔から枝つきで出荷され、販売されている。

その理由はよくわからないが、枝（や葉や根）がついていると、マメの成熟や老化を遅らせることができ、食味の低下を抑えることができる。枝をはずした莢《さや》だけのものも売られているが、枝をはずすと味が落ちる。枝つきエダマメを選ぶポイントは、枝と枝の間隔が短く、莢が密生しているものがよい。

68　ダイコンのス入りは葉でわかる

ダイコンの中心部に多くの細かい穴が生じることがある。すなわち隙間《すきま》が生じる。それをス（鬆）といい、スが入るなどという。どうしてスができるのか。

ダイコンを輪切りにしてみると、表皮の内側に輪状のものが見える。それを形成層輪といい、その外側を師部《しぶ》、内側を木部《もくぶ》という。ダイコンは木部の柔組織が生育するにつれて肥大していく。

その柔組織の細胞が急に肥大し、養分の補給がうまくいかず、養分不足になってしまうために、スが生じる。スの発生の原因としては温度、土壌水分、肥料、光などが考えられている。

ダイコンのスは外見からは見分けるのがなかなかむずかしい。ス入りを見分ける簡単な方法を紹介しよう。

ダイコンに葉がついていたら、その葉の根元（葉柄《ようへい》の部分）を切り、切り口に注目する。そこにスが認められたら、ダイコンの根のほうにもスが入っていると思って間違いない。

69　トウモロコシのおいしい茹で方のコツ

トウモロコシは野菜なのか、果物なのか。植物学上はイネ科の一年草として分類されており、野菜か果物かといえば、野菜ということになるだろう。トウモロコシの粒々は種(種子)である。つまりわれわれは種を食べているわけである。

トウモロコシは茹《ゆ》でたり、焼いたりして食べるが、茹でトウモロコシをおいしく味わうための、茹で方のコツを紹介しよう。

トウモロコシは、どのようにして茹でているだろうか。鍋に湯をわかし、沸騰したらトウモロコシを入れる。それが一般的な茹で方のようだが、おいしく茹でるためには水のときからトウモロコシを入れる。そして沸騰してから三～五分ほど茹でる。これで歯ごたえがしゃっきりした、ジューシーなトウモロコシに茹であがる。

ポイントは水から入れ、短時間に加熱すること。茹ですぎると種を包んでいる皮が柔らかくなってしまい、しゃっきり感が失われ、おいしくなくなる。

70　コショウの白・黒の違いは何によるのか

調味料として用いられているコショウ（胡椒）には、白コショウ（ホワイトペッパー）、黒コショウ（ブラックペッパー）、そして緑コショウ（グリーンペッパー）がある。その色の違いは何からきているのだろうか。

白コショウには白コショウの木がある。すなわちそれぞれ種類の違った木があると思っている人もいることだろう。それは誤解である。同じ木から白、黒、緑の色の実《み》（果実）を得ている。色の違いは実の採取時期と処理法の違いによる。

コショウの実ははじめは緑色で、熟すると赤くなる。白コショウは赤く熟してから摘んだ実を、水につけて皮を柔らかくして取り除き、乾燥したもの。黒コショウは完熟前のまだ緑色の実を摘んで、黒くなるまで乾燥したもの。緑コショウは未熟な緑色の実を摘んだもので、水煮したものや凍結乾燥したものがある。

白コショウと黒コショウはよく用いられているが、白コショウは黒コショウに比べ、辛味・香りともにマイルドで上品である。

71　パセリは栄養価の高い健康野菜

結婚適齢期をとうに過ぎて、結婚できない女性のことをパセリと呼ぶらしい。パセリは肉料理、トンカツ、刺身などに添えられるが、手をつけずに残されることが多いからである。いったいなぜ、パセリは肉料理などの付け合わせに用いられるようになったのか。その一つの理由はパセリが鮮やかな緑色をしていて、見た目にも美しいからと思われる。

料理に添えられたパセリはたいてい皿の端のほうに追いやられ、最後はゴミとして処分されることになる。ところがパセリはじつは栄養価の高い野菜である。

たとえばカロテン（ビタミンA効力）とビタミンCがきわめて多い。その含有量をレタスと比較してみると、カロテンはレタスの三〇倍、ビタミンCは二四倍もある。また無機質ではカルシウム、鉄分、カリウムなども多く含んでいる。パセリはたいへん優れた健康野菜である。それを食べずに残してしまうのはもったいない。

▼野菜のなぜなぜ話

72　タマネギを炒めると、なぜ甘くなるのか

タマネギは生《なま》のままでも食べる。生のタマネギは辛くて、ほとんど甘味を感じない。炒めるとタマネギは辛味がなくなり、甘味がでてくる。同じタマネギなのに、生と炒めたものとでは、どうして辛味・甘味に違いがでるのだろうか。炒めたときの甘味はいったいどこから生まれてくるのだろうか。

タマネギはもともと甘味をもっている。ちなみにタマネギ（生）の糖質量は可食部一〇〇グラムあたり約七グラムで、糖質の割合はイチゴとほとんど同じである。タマネギを炒めると、細胞が壊れて、細胞内から糖分が出てくる。また加熱することによって水分が蒸発するので、糖分が濃縮されることになる。だから炒めたタマネギは甘味が感じられる。加熱によって新たに甘味をもたらす物質が生成されるからではない。

73　タマネギを切ると、なぜ涙が出るのか

タマネギを包丁で切っていると、涙が出てくることがある。それはタマネギの催涙性物質が原因している。

タマネギを切ると細胞が壊れ、細胞のなかにある硫化アリル類がアリイナーゼという酵素と接触して分解され、揮発性の催涙物質に変化する。それが眼や鼻の奥に入って刺激するために涙が出てくる。硫化アリル類は細胞内にあるときには刺激性はなく、酵素と接触することで刺激性の物質に変わる。

よく切れる包丁を使うと、タマネギの細胞は壊れるのが少なくてすむので、催涙物質の生成を抑えることができ、涙が出るのを防ぐことができる。また、タマネギの揮発性の催涙物質は温度が低いと揮発しにくい。だからタマネギを切る前に冷蔵庫などで冷やしておくと、泣かされることは少なくなる。

切り方によっても涙の出方が違ってくる。タマネギを縦切りにした場合と、横切り（輪切り）にした場合では、縦切りのほうが涙は出にくい。

74　タマネギはなぜ長く貯蔵できるのか

タマネギはほかの野菜と比べて、長く保存することができる。収穫後、その表面を充分に乾燥しておけば、常温で保存していても数か月はもつ。どうしてタマネギは長く貯蔵することができるのだろうか。

植物には低温や乾燥などの好ましくない環境に出会うと、生長・活動を一時的にストップさせるものがある。それを休眠という。タマネギが長く貯蔵できるのは、タマネギに休眠の性質があるからである。

タマネギを収穫すると、タマネギは休眠状態に入り、その間は芽や根の生長がストップする。だから長く貯蔵できるわけである。タマネギの休眠期間は常温で、二〜三か月くらい。摂氏0度で貯蔵すれば、半年くらいは休眠状態を延ばすことができる。

ニンニクやジャガイモも長く貯蔵することができるが、その理由はタマネギと同じように、ニンニクとジャガイモが休眠する性質をもっているからである。

75　ゴボウを切ったあと、水につけるのは

ゴボウには葉を食べる葉ゴボウがあるが、ゴボウは主に根が食べられている。ゴボウを料理するとき、ゴボウを切ったあと、ふつうそれを水につける。その水に酢を加えることもある。どうしてそんなことをするのか。それはアクを抜くため、そして色が変わるのを防ぐためでもある。

ゴボウを切って、そのまま空気中に置いておくと、ゴボウは次第に茶色っぽくなってくる。それはゴボウのなかに含まれているポリフェノールという物質のしわざによる。ゴボウを切ると、細胞が傷つけられ、ポリフェノールが空気に触れ、酸化酵素が働いて酸化する。その結果、切ったときには白かったものが茶色に変色する。

茶色に変色するのを防ぐには、空気に触れないようにするか、酸化酵素の働きを抑制するか、または両方を行なえばよい。水に入れれば空気をさえぎることができる。酢には酸化酵素の働きを抑える力がある。だから切ったゴボウを酢水に浸すと、変色を防ぐことができる。

水（酢水）に浸すと、アクも抜ける。ゴボウはアクが強いと思われているが、ゴボウのアクは味にはあまり関係ないといわれている。アク抜き前と後での味を比べた実験によれ

ば、味にはほとんど変わりがないという結果がでている。

76 ダイコンの細切りは、なぜ「せんろっぽん」なのか

ダイコンを細く切ったものを「せんろっぽん」という。漢字ではふつう「千六本」と書くが、それはいわゆる当て字である。「繊蘿蔔」と書くのが正しい。

「蘿蔔」はダイコンの中国名で、「繊」は繊維（細い糸状のもの）や繊細（細かい）などの「繊」と同じで、細長いことを意味する。大根を細長く切ったもの、すなわち蘿蔔を繊切りにしたのが「繊蘿蔔」である。それを唐音読みにしたセンロフがなまってセンロッポンになった。

したがって「せんろっぽん」とは、ダイコンを千六本に切ったものという意味ではない。「千六本」と書くために、切った数のことと誤解されやすい。

ダイコンだけではなく、ニンジンについてもそれを細く切ったものを「せんろっぽん」と呼んでいる。だが語源的にいえば、せんろっぽんはあくまで大根の繊切り（千切り）のことだから、ニンジンや他の野菜についても、せんろっぽんと表現するのは本当は誤りである。

77 なぜ「風呂吹きダイコン」なのか

厚く輪切りしたダイコン（またはカブ）を蒸すか茹でるかして、柚子《ゆず》味噌や胡麻《ごま》味噌などをつけて食べる料理を「風呂吹き」という。この言葉はいったいどこからきたのか。その語源についてはいくつかの説がある。

風呂は古くは蒸し風呂だったが、そこに垢《あか》をかく役目の者がいて、「風呂吹き」と呼ばれた。風呂吹きは熱くなった客の体に息を吹きかけながら垢をかいた。熱いダイコンに息を吹きかけて、冷ましながら食べる様子が風呂吹きの動作に似ているところから、風呂吹き（風呂吹きダイコン）と呼ばれるようになったという。

漆器《しっき》職人が冬に漆《うるし》の乾きをよくするために、風呂（漆器の乾燥室）へダイコンの茹で汁を吹きかけたことからきているという説もある。その残ったダイコンは味噌をつけて食べ、風呂吹きダイコンと呼ばれるようになったという。

「風呂吹きダイコン」の名は江戸時代中期ころ文献に見られるようになる。『黒白精味集《こくびゃくせいみしゅう》』（延享三年・一七四六）という料理本に、風呂吹きダイコンの作り方が載っている。「大根五本皮をむき輪切にして、外《ほか》に大根一本わさびおろしにしておろし釜の底に敷《しく》。切《きり》たる大根を置て、塩少しふりてむ

し、とうがらしみそにて出す」。またこの本には「風呂吹きネギ」なる料理も載っており、その作り方は「ねぎの白身二寸ばかりに切り、湯煮して、とうがらしみそにて出す」となっている。

78　たくあんはなぜタクアンなのか

干したダイコンに塩・糠《ぬか》などを加えて、重石で圧して漬けたものを「たくあん」といい、漢字ではふつう「沢庵」と書く。「たくあん」は「たくあん漬け」を略したものだが、どうして「たくあん」と呼ぶのか。その語源については、三つの説がある。一つは、江戸品川の東海寺《とうかいじ》を創建した沢庵和尚（一五七三～一六四五）が考案したからという説。二つ目は、東海寺にある沢庵和尚の墓石が漬けもの石の形に似ているからという説。そしてもう一つは、「貯《たくわ》え漬け」（野菜や魚などを塩・糠で漬けたもの）がなまったものという説である。

『四季漬物塩嘉言《しきつけものしおかげん》』（天保七年・一八三六）に、右の三つの説が「沢庵漬。俗にいふ、沢庵和尚の漬《づけ》始めし物といひ、また禅師の墓石丸き石なれば漬物の押石の如《ごと》くなる故、然《しかり》名づけしともいふ。又一説には蓄漬の転ぜしともいふ」とある。なお『料理私考集《りょうりしこうしゅう》』（正徳元年・一七一一）には「大こんたくはひ漬」、『料理網目調味抄《りょうりもうもくちょうみしょう》』（享保十五年・一七三〇）には「沢庵漬」、『黒白精味集《こくびゃくせいみしゅう》』（延享三年・一七四六）には「宅庵漬」として載っている。

安永四年（一七七五）に『物類称呼《ぶつるいしょうこ》』という方言辞書が刊行されている。そのなかに「品川の東海寺の沢庵和尚が初めて製したので沢庵漬けというといわれている。貯え漬けからきているという説もあるが、この説はとられていない。また東海寺ではその漬けものは沢庵漬けと呼ばれず、百本《ひゃっぽん》漬けと呼ばれている」（意訳）とある。

79　シシトウのなかに辛いものがあるのはなぜ

シシトウ（シシトウガラシ）はトウガラシの仲間で、青いトウガラシという意味でアオトウガラシともいう。シシトウの先端の凹凸のある形が獅子頭《ししがしら》に似ているところから、シシトウガラシ（獅子唐辛子）という名がついた。

シシトウはトウガラシの甘味種の一種で、トウガラシのような強烈な辛味はない。ところが、まれにものすごい辛いシシトウにあたることがある。

ピーマンもトウガラシの仲間である。だがピーマンには辛味のあるものはできない。どうしてシシトウに辛味のあるものができるのかは、まだよくわかっていない。栽培される環境条件によって、辛味がでたりでなかったりするようである。高温や乾燥した状態（水不足）が続いたり、栄養不足になったりして、ストレスがかかると、辛くなるといわれている。

また、そのシシトウが辛いかどうかは、食べてみてはじめてわかる。見た目では判断することができない。

80 トウガラシはなぜ辛いのか

トウガラシは辛い。なぜ辛いのか。それは辛味の成分を含んでいるからである。トウガラシの辛味のもとはカプサイシンという成分である。この成分は食品に含まれる辛味成分のなかでもっとも辛いものである。

トウガラシのヘタの下の、種子を支えている部分を胎座《たいざ》（英語ではplancenta）という。胎座は人間でいえば、妊婦と腹のなかの胎児をつなぐ、胎盤に相当する。トウガラシの辛味成分であるカプサイシンは、胎座でつくられている。そして果実や種子に辛味が移っていく。

では、どうしてトウガラシは、辛味成分をもつようになったのだろうか。それについては、鳥に食べられるためという説がある。鳥は他の動物より辛さに鈍感らしい。そのため鳥は他の動物に比べトウガラシをよく食べる。鳥はまた空を飛ぶので、種子が遠くへ運ばれ、その結果、広い範囲に種子がばらまかれることになる。

81 トウガラシの辛味は、なぜ舌に残るのか

トウガラシを食べると、少ししてから辛さを感じる。食べた瞬間に感じるわけではない。そしてその辛さはすぐには消えず、しばらく残っている。

トウガラシの辛味成分はカプサイシン。それをキャッチする受容体が、舌や口腔内にある。舌や口腔の表面は、上皮細胞が何層にも重なった構造になっている。それを重層扁平上皮という。その層の下に、辛味物質をキャッチする受容体を含んだ神経線維が存在している。

辛味成分であるカプサイシンは、何層にも重なる上皮細胞の細胞膜をゆっくりと通り抜けながら、重層扁平上皮の下に位置する受容体（神経線維）に達するが、そこに達するまでにはちょっと時間がかかる。そこで、食べて少ししてから辛さを感じることになる。

また、重層扁平上皮の下にしみ込んだ辛味成分は、唾液ではなかなか洗い流されない。したがって、辛味がしばらく口に残ることになる。

82　レンコンにはなぜ穴があるの

レンコン（蓮根）は「蓮《はす》の根《ね》」という意味だが、実際はハスの根ではない。レンコンはハスの地下茎である。それはともかく、レンコンには穴があいている。その穴はまん中に一個、そのまわりに九個というのが一般的なようだが、いったい何のために穴があいているのか。

レンコンは水中の泥のなかで育つ。レンコンの穴は、水上から空気（酸素）を取り込むためのものである。しかし泥のなかでは、生きていくのに必要な酸素を得るのがむずかしい。

レンコンからは葉柄《ようへい》が長く伸び、水上に出ている。その葉柄にも穴があいており、葉から取り入れた空気をその穴を通してレンコンに送っているわけである。

レンコンを輪切りにしてその断面を見れば、そのレンコンが泥のなかでどちら側を上にして横になっていたかがわかる。円状に位置している九個の穴のうち、二個は小さくて、隣りあっている。レンコンはその二個の穴のほうを上にして横になっている。

83　タケノコがすくすく伸びるのは

竹の子どものタケノコは、その生長が著しく早い。竹のなかには最大二〇メートルくらいまで伸びるものがあるが、タケノコはわずか数か月で親竹と同じ背丈まで伸びる。伸び盛りには一日に一メートル以上も伸びることがある。

竹は他の樹木と違って、内部が空である。中空なので、その部分を満たすために必要なエネルギーを、上に伸びていくことのために用いることができる。そして竹には節がある。その節はすでにタケノコの段階でできており、節の数は一生同じである。

竹は節を一つ一つ加えながら伸びていくと思っている人がいるかもしれない。それは誤解である。節の数は最初から決まっている。ふつう樹木はその先端の部分が生長して伸びていく。ところが竹（タケノコ）は、それぞれの節に生長点（生長帯）があり、それぞれが生長し、節と節とのあいだを伸ばしている。したがって一つ一つの節間の伸びはわずかであっても、全体では大きな伸びとなり、一日に一メートル以上も伸びることになる。

なおタケノコは昼間だけでなく、夜も伸びている。昼夜の伸びは種類によって異なり、昼間のほうがよく伸びるものもあれば、夜間のほうがよく伸びるものもある。

84 タケノコはなぜ皮つきのまま茹でるのか

タケノコはアク（灰汁）を含んでいる。タケノコのアクの主成分は、シュウ酸やホモゲンチジン酸である。タケノコを料理するとき、下茹でをしてアクを抜く。そのとき皮ごと茹でる。どうしてそうするのか。

土から掘り出したタケノコは皮に覆われている。下茹でをするときには、まず皮つきのタケノコの穂先（先端部分）を斜めに切り落とし、皮の部分に切れ込みを入れる。そうすることでアクを皮の外に出やすくする。皮ごと茹でるのは、皮のなかに含まれている亜硫酸塩がタケノコの繊維を柔らかくする作用をもっているからといわれている。

また下茹でするときには米糠《こめぬか》を用いるが、それはデンプン質の米糠が茹で汁のなかでコロイド状になり、アクを吸収する効果があるからである。また米糠を加えることで、米糠の甘味、うま味が加わり、おいしくなるという。米糠がなければ、米のとぎ汁、または米を加えてもよい。

85 キュウリからなぜ白い粉が消えたのか

昔のキュウリには、表面に白い粉がついていた。あれはブルームと呼ばれるもので、形態学的には毛の一種である。表皮の細胞が分裂を繰り返して、白く変化したものである。ブルームはスモモやブドウ、プラムなどにも見られる。現在、スーパーなどで売られているキュウリにはブルームがついていない。どうしてついていないのか。

ブルームは水分の蒸発を防いだり、水をはじいたりする役目をしていると考えられている。昔はブルームの量によってキュウリの鮮度を判断していた。

ブルームは食べても体に害はない。ところが農薬と勘違いされたり、見た目によくないところから、ブルームができないキュウリが栽培されるようになった。カボチャに接ぎ木するとブルームがでないキュウリができることがわかり、現在、ブルームレスのキュウリは、その方法でつくられている。

ブルームが出ないキュウリは表面に艶があり、たいへん見栄えがよい。だが昔のキュウリと比べると、風味や歯切れのよさが減少しているとの批判の声もある。

86　トウモロコシにはなぜ毛があるのか

皮をかぶったトウモロコシは、その先に毛が束になって出ている。あの毛はいったい何のためについているのか。皮を除いてみると、それぞれの毛がトウモロコシの粒に続いているることがわかる。あの毛は絹糸《けんし》と呼ばれており、メシベの一部である。

トウモロコシは雄花と雌花が別々の雌雄異花の植物である。雄花は穂をなし、茎の先端についている。一方、茎の中間の葉の付け根の部分に雌花（正しくは雌穂《しすい》）がつく。雌穂にはたくさんの雌花があり、それぞれの雌花から長いメシベが出ている。それがすなわちトウモロコシの毛である。

メシベに雄花の花粉がつくと、実を結ぶ。受粉したメシペ（絹糸、毛）のそれぞれの根元に、トウモロコシの粒ができる。一本の毛に一粒ずつついているので、毛が多いものほど粒も多いということになる。

また、すべてのメシベがうまく受粉できないと、歯が抜けたような粒の欠けたトウモロコシができてしまう。

87　なぜトンカツに刻みキャベツなのか

トンカツにはキャベツがつきもの。トンカツ料理にはたいていてい千切りのキャベツを添える。どうしてトンカツにキャベツなのか。その組合わせは、もともとはある目的から考えだされたものであった。考案者は東京・銀座の洋食の老舗、「煉瓦亭《れんがてい》」の初代店主の木田元次郎氏である。

煉瓦亭は明治二十八年（一八九五）の創業で、この店ではじめて豚肉のカツレツが売り出された。これがトンカツの前身となる。当時、カツレツはフライパンで炒め焼きし、さらにオーブンで焼いたりしていたので、手間がかかった。煉瓦亭ではその料理方法から、テンプラのように揚げる方法に変えた。

そのころはカツレツなどの温かい西洋料理には、温野菜を添えるのが一般的であった。だが温野菜だと、料理するのに手間がかかる。そこで手間のかからない刻み生キャベツを付け合わせとして出したところ、それがけっこう評判がよかった。トンカツとキャベツのコンビはこうして生まれ、煉瓦亭の名物となり、トンカツにはキャベツが定番となっていくことになる。

なお、当時はまだトンカツという呼び方はされていなかった。豚肉のカツレツがトンカツと呼ばれるようになったのは昭和の初年のころである。

88 ヤマイモはなぜ生食が可能なのか

ナガイモ、ジネンジョ（ヤマノイモ）、イチョウイモ（ヤマトイモ）など、ヤマノイモ科のイモは、一般に「ヤマイモ」と呼ばれている。

ヤマイモはすりおろすと粘りがあり、生で食べることができる。ところが同じイモでも、ジャガイモ、サツマイモ、サトイモなどはふつう生では食べない。煮たり、焼いたり、あるいは蒸したりして食べる。すなわち加熱して食べる。

イモ類の主成分はデンプンである。デンプンは生のままでは消化されにくい。だからジャガイモやサツマイモなどは加熱してから食べる。

ヤマイモはすりおろすと、ネバネバの状態になる。そのネバネバの成分は食物繊維の一種で、それがデンプンを包み込むので、生でも食べることができる。またネバネバ成分は胃腸の粘膜を保護する働きもある。

ヤマイモの粘りはイモの種類によって違いがあり、その違いは水分量と関係がある。水分量が少ないほど粘りは強い。種類別ではジネンジョが水分量がもっとも少なくて、粘りがもっとも強く、イチョウイモ、ナガイモの順で粘りが弱くなっていく。

89 ワサビを食べてもなぜ汗をかかないのか

トウガラシを食べると、口のなかが焼けるような辛味を感じ、やがて体から汗が出てくる。ワサビもトウガラシと同じように辛い。ところがワサビを食べても汗はかかない。トウガラシのようにどっと汗が出てくるということがない。

トウガラシの辛味成分はカプサイシンという物質。この物質には交感神経を刺激する作用がある。交感神経が刺激されると、神経からノルアドレナリンの分泌が増加したり、副腎の髄質からアドレナリンの分泌が促進される。それらの物質が発汗をうながすため、トウガラシを食べると汗が出てくる。

ワサビの辛味のもとはシニグリンという物質である。シニグリン自体には辛味はない。ワサビをすりおろすと、ミロシナーゼという酵素の働きによってシニグリンが分解され、アリルイソチオシアネート（アリルカラシ油）という辛味物質が生成される。この物質にはトウガラシのカプサイシンのように、交感神経を刺激して汗を出す作用がない。

なお、ワサビを食べると鼻にツーンとくる。ワサビの辛味成分のアリルイソチオシアネートは揮発性であり、ワサビを食べると、この辛味物質が鼻腔まで広がり、痛覚を伝える神経にあるこの物質の受容体を刺激する。そこでツーンとくる感覚が生じるようである。

90　トマトはなぜ「狼の桃」なのか

世界中で栽培され食べられているトマトは、南米アンデス山脈に近いペルー、エクアドル、ボリビア地方が原産とされている。十六世紀、ヨーロッパに伝わった。日本には寛文年間（一六六一～七三年）に伝わったといわれ、江戸時代にはもっぱら観賞用として栽培されていた。

ところでトマトは学名を「リコペルシコン・エスクレンタム」（Lycopersicon esculentum）という。この学名は十八世紀のイギリスの園芸家、フィリップ・ミラーが命名したもので、Lycopersicon は「オオカミのモモ」（狼の桃）、esculentum は「食べることのできる」という意味。すなわちトマトの学名のリコペルシコン・エスクレンタムは「食用のオオカミのモモ」という意味である。十八世紀の植物学者のリンネは、トマトをナス科の植物に分類し、学名を「ソラナム・リコペルシクム」（Solanum lycopersicum）とした。ミラーの命名によるる学名は、リンネによる学名にもとづく。ミラーの学名では lycopersicum が lycopersicon となっている。

トマトを最初に「オオカミのモモ」と名づけたのはリンネであった。なぜオオカミのモモなのか。モモはモモのような果実という意味だと思われるが、オオカミの意味については明らかでない。その昔、トマトには毒があると思われていた。トマトはやばい植物、恐ろしい植物と見られていた。リンネもそう思っていたので、オオカミが食べるものという意味から名づけたのだろうという説がある。

91　なぜ「秋ナスは嫁に食わすな」か

「秋なすび姑《しゅうと》の留守にばかり食い」という江戸川柳がある。これは「秋ナスは嫁に食わすな」という諺をふまえたものである。秋ナスはおいしい。それを嫁に食わすなと、この諺は言っている。それはなぜなのか。

この諺は一説に、おいしいものを食べさせない姑の嫁いびりを表わしたものという。秋ナスはうまい。それを嫁ごときに食べさせるわけにはいかないというわけである。

いやそうではなく、この諺は嫁の体を心配する姑の思いやりからでたものという説もある。その昔、ナスは体を冷やして毒となるとか、流産するとかいわれていた。また秋ナスには種子が少ないので子種がなくなるという俗信もあった。秋ナスは嫁の体に悪い。そこで嫁には秋ナスを食べさせないのだというのである。

ネズミのことを「嫁が君」ともいう。「秋ナスは嫁に食わすな」の嫁は嫁が君（＝ネズミ）のことで、もともとはネズミに食わすなという意味であったが、のちに誤ってそれを嫁の意味に解釈するようになったという説もある。

いったいどの説が正解なのだろう。似たような諺で、ナス以外のものがある。たとえば秋のものではサバ（鯖）、カマス（魳）などがそうである。いずれの諺でも、おいしいから嫁に食わすなとなっている。これら似たような諺から判断すると、嫁いびり説のほうがどうも有力のようである。

92 干しシイタケはなぜ香りがいいのか

生のシイタケはあまり匂いがしない。ところが干しシイタケを水にもどすと、特有の匂い（香り）があたりにただよう。その匂いが嫌いだという人もいる。それはともかく、どうしてシイタケは生と干したものでは匂いの強さが違うのだろうか。

干しシイタケのあの匂いは、レンチオニンというイオウ化合物である。生のシイタケには、そのもとになるものが含まれており、干しシイタケの過程でレンチオニンが生成される。

干しシイタケを水にもどすと、レンチオニンの分子が空中に拡散し、あの独特な匂い（香り）を感じることになる。シイタケのことを中国語では「香茹」、あるいは「香菌」という。その「香」は干しシイタケの香りのよさからきている。

シイタケを干すと水分が抜け、シイタケに含まれているアミノ酸やグアニル酸などのうま味の成分が濃縮され、うま味が増す。だから干しシイタケは水にもどすと、香りとともに、おいしいダシが出る。

93 男爵イモはなぜ煮くずれしやすい？

日本で生産量がもっとも多い野菜はジャガイモである。平成十六年（二〇〇四）の統計では二八八万トンのジャガイモが収穫されている。主な品種は、男爵《だんしゃく》イモとメークイン。男爵の名は、明治四十年（一九〇七）、函館の農場主だった川田龍吉《かわたりょうきち》男爵がアメリカから導入したことにちなんで命名されたもの。メークインは「五月の女王」という意味。

男爵イモは球形で、メークインは長卵型。肉質にも違いがあり、男爵イモは煮くずれしやすく、メークインは煮くずれしにくい。同じジャガイモなのに、どうしてそうした違いが生じるのだろうか。

ジャガイモはデンプンを含んでいる。デンプンの含有量が多いものは煮くずれしやすいが、煮くずれの原因はほかにもある。

男爵イモはデンプンの含有量が多い。また男爵イモの細胞内のデンプンは一つ一つが成熟して大きく、加熱するとデンプンが糊化してふくらみ、細胞が球形化する。そうなると、細胞と細胞の接着面が少なくなり、また細胞と細胞をくっつけていた接着物質（ペクチン）も加熱によって溶け出してしまうので、細胞同士が離れやすくなる。つまり煮くずれしやすい。

一方、メークインはデンプンの含有量が少なく、細胞内のデンプンは未成熟で小さく、加熱するとデンプンはふくらむが、細胞は球形化せず、男爵イモと比べ、細胞同士が離れにくい。したがって煮くずれしにくい。

94　月見になぜサトイモを供える？

十五日の夜は毎月訪れるが、とくに陰暦八月十五日の夜のことを「十五夜」という。この夜の月は一年でもっとも美しいとされ、名月（中秋の名月）と呼ばれ、昔から月見が行なわれている。

月見にはサトイモ、団子、ススキなどを供えて月をまつる習わしがある。そこで「芋名月」ともいわれる。なぜサトイモなのか。

名月の旧暦八月十五日は現行の暦では九月の中・下旬にあたり、この時期はサトイモの収穫期である。サトイモは古い時代の日本人にとって、大切な食べものであった。サトイモを供えて月をまつるのは、サトイモなどの農作物の収穫を祈る農耕儀式のなごりといわれている。

月見に供えるススキは、秋の七草の一つでもある。昔の人々は、ススキには呪術的な力があり、収穫物を悪霊や魔物や災いなどから守ってくれると信じていた。また豊作を願う儀式にも用いられていたらしい。そんなところから月見と結びついたようである。

95　ニンニクを食べるとなぜ元気がでるのか

ニンニクは強壮効果のある食べものとして知られている。ニンニクを食べると、どうして元気がでるのか。ニンニクは匂いが強烈である。あの匂いが元気のもとでもある。

ニンニクの匂いのもとはアリインという物質。ニンニクをすりおろしたり、刻んだりすると、酸素の働きによってアリインが分解され、強い刺激臭のあるアリシンに変化する。

このアリシンはビタミンB1と結合すると、アリチアミンになる。アリチアミンはビタミンB1分解酵素の作用を受けず、腸管吸収率が高い。そして生体内でビタミンB1に戻って作用する。

ビタミンB1は水溶性で、そのまま摂取すると腸管から一定量以上は吸収されない。アリシンと結合して脂溶性のアリチアミンに変わると、腸管からの吸収がたいへん高くなる。ビタミンRには疲労物質の蓄積を防ぐ働きがある。

だからニンニクを食べると疲労が回復し、元気になる。ニンニク自体にもビタミンB1含まれているが、ビタミンB1を多く含む食べものといっしょに食べれば、効果はさらにアップすることになる。

ニンニクには疲労回復、強壮作用のほか、抗酸化作用、発がん抑制、抗菌、抗ウイルス、血栓予防作用、動脈硬化予防作用などもある。なおニンニクの抗酸化作用は野菜のなかではもっとも強いといわれている。

96　トロロを食べるとかゆくなるのはなぜ

ナガイモ、ヤマトイモ（イチョウイモ）などのヤマイモをすりおろしたものをトロロという。それを食べるとき、口のまわりにつくと、かゆくなることがある。

ヤマイモはシュウ酸カルシウムという物質を含んでいる。それは針を束にしたような形の結晶をなしており、結晶の大きさ（針の長さ）は〇・一ミリくらいである。

ヤマイモは皮をむいたり、すりおろしたりすると細胞が壊れ、そのなかのシュウ酸カルシウムが外に出てきて、針の束がばらばらになり、それが皮膚につき、刺激を受けるため、かゆみを感じることになる。また軽い痛みを感じることもある。シュウ酸カルシウムはかゆみや痛みをもたらすが、体にとって毒にはならない。

サトイモの皮をむいたりするときに、手がかゆくなることがある。それも同じ理由による。サトイモもシュウ酸カルシウムを含んでいる。

97　ハクサイになぜ点々ができるのか

ハクサイは部分によって味が微妙に違うのをご存じだろうか。

ハクサイは葉が重なり合って球状をなしている。ハクサイのなかでもっとも甘味が強いのは中心部の小さい葉である。そこがもっとも糖度が高く、反対に外側の葉は低い。また中心部の葉は、うま味の成分であるグルタミン酸も多い。

ところでハクサイといえば、葉に黒い点が点々と生じることがある。その点は大きくはないが、ハクサイが白っぽい色をしているためによく目立つ。虫が食った跡のようにも見えるので、スーパーや八百屋でそんなハクサイを見たら、買わない人もいるだろう。

ハクサイの葉に生ずるこの黒い斑点はゴマ症と呼ばれ、カブやノザワナにも生ずることがある。それは病害虫によるものではなく、肥料の窒素と関係がある。窒素が過剰になるとゴマ症が発生する。症という名がついていると気になるかもしれないが、食べてもべつに害にはならない。

98　夏野菜なのになぜトウガン（冬瓜）？

トウガンという、スイカのように大きなウリ科の野菜がある。東南アジアが原産で、日本には古くに渡来しており、平安時代にはすでに栽培が行なわれていたようである。

この野菜は古くはカモウリと呼ばれていた。そのカモは毛氈《もうせん》のことで、トウガンの若い実の表面に毛が密生していることから、カモウリと名づけられた。

成熟すると表面に白い粉がふいてくる。果肉は厚く、水分を多く含んでおり、味はあっさりしている。

トウガンは漢字では「冬瓜」と書く。冬瓜の音読みのトウガがなまってトウガンになった。トウガンは夏野菜である。

それなのにどうして「冬の瓜」なのか。

それについてはいくつかの説がある。トウガンは冬まで貯蔵することができる。そこで冬瓜と名づけられたといわれている。トウガンは熟してくると白い粉を吹く。それを霜や雪と見て、冬の瓜として冬瓜といったという説もあるが、どうも前説のほうが有力のようである。

99　トマトはなぜ野菜なのか

十九世紀末、アメリカでトマトは野菜か果物かの判定をめぐって裁判沙汰になったことがある。当時、アメリカでは果物の輸入には関税をかけなかったが、野菜には関税が課せられた。輸入業者はトマトは果物と主張し、役所は野菜とみなした。こうして両者が対立し、ついに最高裁判所まで持ち込まれ、結局、役所のほうが勝利した。「トマトは菜園で育てられ、果物のようにデザートに出すものではないから野菜である」というのが、その判決理由であった。

日本では今日、トマトは野菜として扱われている。トマトを果物とみなす人はほとんどいない。ところがものによっては、野菜として扱われたり、果物として扱われていたりする。たとえば、メロン、イチゴ、スイカなどは役所（農林水産省）や植物学などでは野菜として扱われ、市場では果物として扱われている。

野菜と果物の区分は、一般的に野菜は一年ごとに栽培される一年生の草本《そうほん》作物であり、果物は樹木になる果実で何年にもわたって収穫できる永年生の木本《もくほん》作物ということになっている。この分け方によればトマト、メロン、イチゴ、スイカは野菜になるが、トマトを除いた三つの食品は市場や店では果物として扱われている。メロン、イチゴ、スイカは果物のような食べ方をするので、農水省ではとくに果実的野菜と呼んでいる。

第二章　果物の雑学

▼果物の味のある話

100　レモンからビタミンCはあまり得られない

多くの果物にはビタミンCが豊富に含まれているが、ビタミンCといえばレモンをイメージする人が少なくない。ビタミンCの量を表現するとき、レモン何個分といった表わし方をよくする。そのためか、レモン＝ビタミンCとしてイメージされている。はたしてレモンはビタミンCの宝庫なのだろうか。

レモンは確かにビタミンCを多く含んでいる。レモン果汁一〇〇グラム中、ビタミンC含有量は五〇ミリグラム。グレープフルーツ（三八ミリグラム）、温州ミカン（二九ミリグラム）、パイナップル（六ミリグラム）と比べると、レモンのビタミンCの量は多い。

だがレモンは酸味がきついので、イチゴやリンゴなどのように、それをそのまま食べることはほとんどない。レモンを一個生食したとして、その果汁から得られるビタミンCはそれほど多くはない。レモンはふつう、薄く切って紅茶に浮かべたり、果汁をしぼって焼き魚などにかける。そうした食べ方によって得られるビタミンCはほんのわずかでしかない。レモンをビタミンCの供給源としては期待しないほうがよい。

101　レモンが酸っぱいのはビタミンCのせい？

レモンは酸っぱい味がする。どうして酸っぱいのか。レモンはビタミンCを多く含んでいる。そこでレモンが酸っぱいのはビタミンCのせいだと思っている人がいる。市販されているビタミンCの錠剤にも酸っぱい味のするものがある。

ビタミンCは化学的にはアスコルビン酸という。酸だからビタミンCはそれなりに酸っぱいが（酢を甘くしたような味がする）、レモンのような酸っぱさとは違う。レモンを酸っぱくしている主成分はクエン酸である。ミカンやオレンジなどの柑橘《かんきつ》類はクエン酸を含んでいるが、レモンはその含有量が多いために、酸っぱさを強く感じる。ウメが酸っぱいのもクエン酸による。

クエン酸のクエンは漢字では「枸櫞」と書き、レモンのことである。クエン酸は無色無臭の有機酸で、疲労物質の乳酸を減らして疲労を回復する、カルシウムなどミネラル類の吸収を促進するなどの働きがあることが知られている。

102 皮をむかずにミカンの房の数がわかる法

ミカンを食べるとき、まず皮をむく。すると袋状の房《ふさ》が現われる。その房のなかには小さな粒々がいっぱい詰まっている。房の数は一〇個前後で、それがきれいに並んで球を形成している。その房の数を、皮をむかないでも知ることができる方法がある。それはどんな方法かご存じだろうか。

植物のオシベはふつう、上から順に柱頭・花柱・子房の三つの部分から成る。受粉・受精のためにはそれらが欠かせない。食用とされている部分、すなわち一〇個前後の房は子房が大きくなったものである。

一〇個前後のそれぞれの房の外側に、白い細い筋がある。ミカンを食べるとき、それを取る人もいるが、それは水分や養分などを房に送る通路で、維管束《いかんそく》と呼ばれている。ミカンの実の付け根のヘタの部分をはずしてみると、維管束が見える。

維管束は房の数と対応している。だからヘタの部分の維管束を数えれば、皮をむかなくても房の数を知ることができる。

103 スイカを叩いて判定する方法は江戸時代から

スイカを選ぶとき、指先で弾いたり、指で叩いたりして、良い悪いを判断したりする。空洞があるものや、熟しすぎているものは、叩くと低い音がするという。

スイカが日本に伝わったのは天正年間（一五七三〜九二年）といわれているが、指で叩いて熟し具合いなどを確かめることはすでに江戸時代から行なわれていた。

「西瓜の善悪てんでんに叩き合い」「値を聞けばそっぽう殴《なぐ》る西瓜売り」という江戸川柳がある。てんでん（めいめい）がスイカを叩いて、善いか悪いかを調べる。客が値段を聞くと、西瓜売りはスイカのそっぽう（横っつら）を叩いて、中身を確かめる。「畠から叩きだされる西瓜なり」という川柳もある。叩いて、出来不出来を確かめる様子を詠んだものである。

叩くと音がする。その音によってどんなことがわかるのか。江戸時代中期の図説百科事典『和漢三才図会《わかんさんさいずえ》』には「熟するものはこれを叩くに音和《おとなごやか》にして、未《いま》だ熟せざるものは音硬く…」という説明がある。

104　日本にもニュートンのリンゴの木がある

ニュートンがリンゴの実が木から落ちるのを見て、「万有引力の法則」の着想を得たという話はよく知られている。

一六六四年、ケンブリッジ大学の学生であったニュートンは、ロンドンにペストが発生し、イギリスの他の地方にも広がったため、故郷ウールズソープの母の家に逃れた。その家の庭にリンゴの木があり、その木から落ちたリンゴが「万有引力の法則」の発見をもたらしたことになっている。

そのリンゴの木は一八二〇年ごろに枯れてしまったが、その木から接木して新しい木（子孫）が育てられている。その分身が東京都文京区の東京大学付属植物園（小石川植物園）にある。これは昭和三十九年（一九六四）、イギリス国立物理学研究所長、ゴードン・サザランド卿から日本学士院長だった柴田雄次博士に贈られたものである。

この小石川植物園のニュートンのリンゴの木からは、挿木や接木によってクローンがつくられており、全国の教育・研究機関、自治体などに譲渡されている。その本数は二〇〇本以上にのぼる。しかし、それは正規譲渡分で、ほかに無断で接木したりして再譲渡されているものがあり、それを含めると、日本にあるニュートンのリンゴの木は七〇〇本以上になる。

105　干しガキの白い粉の正体は？

カキは生食のほかに、乾燥させ、いわゆる干しガキにして食べる食べ方がある。

干しガキはカキの皮をむいて天日に干したり、火力により乾燥させたもので、製造法によって、コロガキ、アンポガキ（アマ干し）、吊しガキなどの呼び名があり、コロガキや吊しガキにはその表面に白い粉がついている。それはちょっと見たところカビのように見えるが、もちろんカビではない。

干しガキの白い粉は柿霜《かきしも》ともいい、果肉に含まれている糖分が表面に出てきて結晶化したものである。生ガキの一五～二〇パーセントは糖分で、その大部分は蔗糖《しょとう》、残りがブドウ糖と果糖である。

干しガキになると水分が減って糖分の濃度が高くなるので、甘味が強くなる。干しガキでは糖分の割合は七〇パーセントくらいになる。蔗糖は干しガキになる過程でブドウ糖や果糖に変わる。

干しガキの白い粉の正体は、主にブドウ糖が結晶化したものである。

106　カキを食べると体が冷える？

カキはビタミンC、カリウム、カロテンなどを豊富に含んでおり、日本産の果物ではもっとも体によいものの一つといわれている。ところがその一方で、カキを食べると体が冷えるなどといわれる。

とくに妊婦や産婦には、カキは毒であるという俗信が各地に伝わっている。その理由の一つとして、カキを食べると体が冷えるからだという。

カキを食べると、本当に体が冷えるのだろうか。

カキにはカリウムの含有量が多い。生ガキでは可食部一〇〇グラム中、一七〇ミリグラムのカリウムを含んでいる(干しガキだと六七〇ミリグラム)。カリウムには利尿作用があり、カキをたくさん食べると尿量が多くなったりする。カキが熟するころは朝夕の温度が低くなり、体が冷えるようになり、尿の量が暑いころに比べると多くなってくる。

それを、カキを食べて体が冷えたためだと誤解したのではないか、といわれている。カキを食べると体が冷えるという科学的な根拠はない。

107　イチジクは花がないわけではない

植物は花を咲かせ、そして実をつける。イチジクは漢字では「無花果」と書く。花の無い果実という意味だが、イチジクは花を咲かせずに、いきなり実をつけるのだろうか。

イチジクにもちゃんと花がある。だがイチジクの花は他の植物の花と違って、外部からは見えにくい。花はわれわれが食べている実のなかにあるからである。

イチジクは初夏、葉柄《ようへい》の基部に肉厚の花嚢《かのう》をつけ、そのなかに無数の小花をつける。花嚢は口の小さな丸い壺状なので、そのなかの花は外からは見えない。そこで花が咲かずに実がなるように思われることから、イチジクに「無花果」の漢字を当てたのだろう。

イチジクの原産地はアラビア南部といわれ、紀元前一四世紀ごろ、地中海沿岸に広まった。八世紀、ペルシャから中国へ伝わり、日本にはポルトガル人によって、江戸時代初期に伝わっている。

108　イチゴの粒々を取り除いてしまったら…

イチゴが実りはじめたころ、表面の粒々を取ってしまったら、イチゴはどうなるのだろうか。

粒々はイチゴの本当の実であり、そのなかに種が入っているが、粒々を取り除いても、イチゴはちゃんと生長する？　そのようにも思えるが、はたして実際はどうなのか。

イチゴの大きさは粒々の数と関係している。粒々が多いほど大きくなるといわれている。われわれが食べている赤い部分は花托と呼ばれる部分だが、粒々から花托に対して、それを大きくする物質が出ているという。

植物は植物ホルモンと呼ばれる物質をもっている。その一つにオーキシンという、伸長・生長などの作用をするホルモンがある。粒々を取り除いてしまうとイチゴは大きくならないが、粒々を取り除いたイチゴにオーキシンを与えると、イチゴは大きく生長する。そこで粒々（種）からオーキシンのような物質が出ていて、イチゴ（花托）を大きくさせているのだろうと考えられている。

109　パッションフルーツは「情熱の果物」ではない

パッションフルーツと呼ばれている果物があり、和名はクダモノトケイソウ（果物時計草）という。原産地はブラジル南部といわれており、十七世紀初期にスペイン人によって発見された。わが国へは明治時代中期に導入されている。

蔓性の木質多年生草で、その実はテニスボールくらいの大きさになる。熟すると緑色から深紫色に変わり、熟度が進むにつれ表面にシワが生じる。果肉にはたくさん種が混じっており、独特な味わいと香りがある。

パッションフルーツ（passion fruit）のパッションには「情熱」という意味があり、パッションフルーツは「情熱のフルーツ」という意味だと思っている人がいる。この果物が熱帯・亜熱帯産であることから、パッション＝「情熱」と理解したのだろうか。だがそれは誤解である。パッションフルーツのパッションは「受難」（キリストの受難）という意味であり、その名の由来については、この果物の花の姿が十字架にかけられたイエス・キリストが受けた五つの傷（釘、金鎚、槍、茨の冠などによる傷）などを連想させるからという説がある。

110 リンゴには毛が生えている

果物（果実）のなかには、その表面に毛が生えているものがある。たとえばモモがそうである。毛はモモの大きな特徴の一つである。

『万葉集』に「はしきやし我家《わぎへ》の毛桃本繁《けももとしげ》み花のみ咲きて成らざらめやも」（かわいらしいわが家の毛桃は、根本が茂っているので、花だけ咲いて、ならずじまいということがあろうか）という歌が載っている。果実の表面に毛が密生しているところから、古くはケモモ（毛桃）とも呼んでいた。平安時代の『本草和名《ほんぞうわみょう》』『和名類聚抄《わみょうるいじゅしょう》』などにはモモは「毛毛」としてでている。モモという名は、毛毛の意味で、実に毛があることに由来するという説がある。

ウメはモモと同じくバラ科の落葉樹だが、ウメにもその実の表面には毛が生えている。ではリンゴはどうなのか。じつはリンゴにも毛が生えている。店で売られているリンゴは表面がつるつるしている。いったいどこに毛が生えているのか。店で売られているのは毛を取り除いたものなのか。それとも、表面はつるつるしているが、実際は小さな毛が生えているのか。

そうではない。毛が生えているのはリンゴの幼果である。果実になりかけた子どものリンゴは、その表面に柔らかい毛がびっしり生えており、生長にしたがって毛が落ち、つるつるになる。どうしてリンゴの幼果は毛が生えているのか。その毛の働きとして、水分の蒸散、体温調節、果面保護などが考えられている。

111 「桃栗三年柿八年」は本当なのか

「桃栗三年柿八年」という諺がある。種をまいてから実をつけるまでの年数を言ったものである。これに「柚《ゆず》は九年」「柚の馬鹿めは十八年」「梅は酸いとて十三年」「枇杷《びわ》は九年でなりかねる」などを続けていう場合もある。また「桃栗三年柿八年」をもじった「桃栗三年後家一年」というのもある。モモとクリは実がなるまでに三年かかるが、後家（未亡人）が操を保つのは一年。未亡人の貞操はそう長くは続かないことを洒落《しゃれ》ていったものである。

「桃栗三年柿八年」は、はたして正しいだろうか。実際はどうかといえば、モモは種をまいて実をつけるまで三年、クリは三～四年、カキは七～八年かかる。だからこの諺は本当である。「桃栗三年柿八年」は正しいのだが、果樹は種から育てると同じ品種には育たない。すなわち、種をまいても親と同じものにはならない。

そこで優良品種の果樹栽培では、通常は接ぎ木による方法がとられている。この方法によれば、種から育てるものよりも早く実がとれるので、「桃栗三年柿八年」は当てはまらないことになる。

112　睾丸という名の果物とは？

人間の男どもが股間にぶら下げている二個の卵形のものを睾丸《こうがん》という。それと形がよく似た果物があり、その名前は睾丸に由来するが、その果物とは何かおわかりだろうか。

それを食べるとマグロのトロのような味がすることから、青トロともいわれている。そう言えばその果物の正体はおわかりだろう。答えはアボカドである。

アボカドの原産地は中央アメリカ、およびメキシコ南部とされている。メキシコに住んでいた先住民はアボカドの木を「ahuacacuahuitl」と呼んでいた。それは「睾丸の木」という意味である。アボカド（の実）が睾丸に似ているところから、そう呼んだわけである。それが短縮されてahuacatlとなり、あるいはaguacateと変化し、スペイン語でアボカド（avocado）となり、英語でも同じくavocadoとなった。

英語ではアボカドのことをアリゲーターペア（alligator pear　鰐梨《わになし》）ともいう。その語源については、一説にアボカドの表皮がワニに似ており、形が洋梨に似ているからだという。また英語では、アボカドはavigatoとも呼ばれていた。それがalligatorという言葉を連想させるところから、アリゲーターベアと呼ぶようになったという説もある。

113　もっとも栄養価の高いフルーツは？

スポーツをするとき、栄養補給にバナナを食べることがある。バナナは果物のなかでは栄養価が高い。バナナのカロリー（エネルギー）は可食部一〇〇グラムあたり八六キロカロリーである。バナナのエネルギーには速効性と持続性があるので、スポーツをするときによく利用されている。

主な果物のカロリーは、カキ六〇キロカロリー、リンゴ五四キロカロリー、ナシ四三キロカロリー、メロン四二キロカロリー、パイナップル五一キロカロリー、ブドウ五九キロカロリー、モモ四〇キロカロリー、イチゴ三四キロカロリー、ミカン四六キロカロリー、レモン五四キロカロリー。いずれもバナナより低いが、バナナよりさらにカロリーの高い果物もある。

たとえばアボカドがそうである。アボカドは脂肪分が多いことから「森のバター」と言われているが、この果物はバナナの約二倍の一八七キロカロリーもあり、ギネスブックは「もっとも栄養価の高いフルーツ」としてアボカドを指定している。

アボカドの約二割は脂質である。果物のなかでは、アボカドは脂質の割合が群を抜いている。その脂質のほとんどは不飽和脂肪酸のオレイン酸で、オレイン酸には血中コレステロールの濃度低下作用があるとされている。

114 フルーツポンチのポンチとは？

数種の果物を小さく切って混ぜ合わせ、シロップ、ソーダ水、ペパーミント、氷などを加えたものを「フルーツポンチ」という。フルーツは果物、ではポンチって何のことなのか。

大正二年（一九一三）、東京銀座の千疋屋《せんびきや》が「果物食堂フルーツパーラー」として開業した。フルーツパーラーは和製英語だが、それがそのルーツである。フルーツポンチはこの店で生まれた。生みの親は千疋屋の斎藤義政氏。

酒、砂糖、レモン、香料などを大きなボウルのなかで混ぜてつくる飲みものを、英語でパンチという。ちなみにパンチは、数字の5を意味するヒンディー語のパンチヤに由来し、酒、砂糖など五種類を混ぜた飲みものを意味する。

あるとき斎藤氏は、パンチにさまざまな果物を刻んで入れた新メニューを考えついた。そしてそれを「フルーツポンチ」の名で売りだした。フルーツパンチとせず、なぜフルーツポンチとしたのか。

フルーツパンチではあたり前で面白くない。そこで政治風刺漫画のポンチ絵にひっかけて、フルーツポンチと名づけたという。

115 種のないバナナはどうやって繁殖するのか

カキ、リンゴ、ナシなど、果物のなかにはたいてい種が入っている。ところがわが国で食べられているバナナ（輸入バナナ）には種が見えない。バナナにはもともと種がなかったのだろうか。

そんなことはない。野生に近いバナナにはちゃんと種が入っている。バナナを輪切りにしてよく見ると、中心に小さな黒い点々がある。これがバナナの種の名残りである。

あるとき、野生種のバナナのなかに種ができないものが生じた。その原因としては、遺伝子や染色体の突然変異が考えられている。その種なしバナナを今日までずっと育ててきたのである。では種がないのに、どうやって繁殖するのか。

バナナは多年生の草である。実をつけると。やがて地上部は枯れてしまう。だが地下部は生きており、地下茎からタケノコのように新芽が出てくる。それを育てれば、一〜二年で実をつける。

116　ミカンを揉むと甘くなる

ミカンは酸っぱいほうがいいという人は少数派である。多くの人は甘いミカンを好む。最近のミカンは昔に比べると、甘さが増したように感じられる。だがなかには酸っぱさが目立つミカンもある。その酸っぱいミカンを甘くする簡単な方法がある。

昔から、ミカンを揉むと甘くなるといわれている。これは本当である。ミカンは衝撃に弱い。袋のなかに数個のミカンを入れて揺すったり、高いところから落とすなどしても甘くなる。要するに衝撃を与えれば甘くなる。それはなぜなのか。

ミカンが甘くなるのは糖度が増したからではない。糖度には変化がない。ミカンのなかには酸が含まれている。その主成分はクエン酸だが、それが減ったので、甘く感じられるわけである。

ではなぜ酸が減ったのか。衝撃を与えるとミカンの細胞が傷つくことになり、それを修復するために酸が使われるので、減少するのである。

117　スイカでもジャムができないことはない

イチゴ、リンゴ、イチジク、ブドウなどは生食のほか、ジャムにして食べられている。ではスイカはどうだろうか。スイカはもっぱら生食されているが、スイカのジャムは可能だろうか。

ジャムは果物を砂糖とともに煮つめ、ゼリー状にしたものである。ゼリー化するためにはペクチン、酸、糖分の三つのバランスが大切である。したがってジャムの原料となる果物は、ペクチンと酸を多く含んでいるものが適している。

イチジクはペクチンを多く含んでいるが、酸が少ないので、ジャムにするときにはレモン汁などの酸を加える。イチゴの場合も、酸味の少ないイチゴを用いる場合は同じようにレモン汁を加える。

スイカのジャムなんて想像できないかもしれないが、スイカもジャム化できないわけではない。スイカにはペクチンと酸が少ない。そこでペクチンと酸を加え、イチゴやリンゴなどのジャムと同じようなつくり方をすれば、スイカジャムができる。

ただし、おいしいかどうかはそれぞれの好みによる。ともかく、スイカでもジャムができないことはない。

118 トゲのないクリもある

クリの実はトゲ（棘・刺）のある皮の殻（イガ）に包まれている。クリの実にトゲはつきもので、クリの実といえば、ただちにトゲが連想される。

クリ拾いなどをするときには、イガのトゲはたいへん邪魔になるが、じつはトゲのないクリもあり、その名もずばり、トゲナシグリ（刺無栗）という。

トゲナシグリは正しくいえば、トゲがまったくないわけではない。このクリはニホングリの変種で、トゲが発達せず、短いトゲが何本かずつまとまり、大仏の頭髪のような形を成している。トゲがない（トゲが短い）ので、クリ拾いのときトゲを気にしないですみ、イガから実を取り出しやすい。

そうした長所をもっている反面、トゲナシグリには短所もある。このクリはあまりおいしくなく、よく実らない。またトゲがないためか、害虫に弱いという欠点がある。そこでトゲナシグリは、主要栽培品種とはなりえていない。

119 ポン酢の「ポン」とはどういう意味？

水炊きや寄せ鍋などの調味料に、ポン酢を用いる。ポン酢はダイダイの搾《しぼ》り汁を主につくられているが、そのポンとはどういう意味なのか。

ポン酢のポンはオランダ語のポンス（名品）に由来する。前に、フルーツポンチの「ポンチ」の語源について紹介した（「フルーツポンチのポンチとは？」参照）。その英語のパンチ（名弓巴は、数字の5を意味し、酒、砂糖など五種類を混ぜ合わせた飲みものを意味する。それがオランダ語に入ってポンスとなった。パンチ＝ポンスにはレモン汁なども加える。そこからポンスは柑橘《かんきつ》類＝ダイダイの搾り汁の意味に転用されるようになったようである。

ポン酢はポンスの変化したポンスに酢を当てたものである。ポンス＝ダイダイの搾り汁は酸っぱくて酢のかわりになり、ポンス→ポンズの「ズ」が「酢」に通じる。そこでズに酢の字を当てて、ポン酢と呼ぶようになった。

なお「ポンジュース」というミカン（オレンジ）ジュースがある。愛媛県でつくられているジュースだが、そのポンは「ニッポン一」のポンという意味だ。

120　種を避けてカキを4等分する方法とは？

カキの花は「4」という数を基数としている。すなわち雄花ではオシベが一六本で、雌花では退化したオシベが八本、柱頭が四つに分かれたメシベが一本であり、いずれも「4」の倍数になっている。花が実になると、実のなかに種ができる。その種はふつう八個であり、それも「4」の二倍である。

カキを食べるとき、皮をむき、何等分かに切って食べる。カキを包丁で切ると、種まで切ってしまうことがある。切るときには、ほとんどの人は適当に切っているが、切り方によっては種に当たらないように切ることができる。その切り方をご存じだろうか。

カキの一方の端にヘタがついており、四つに分かれていて、十字形をなしている。その十字形に沿って十字に切る。つまり、ヘタの中心をはさんで向かいあっている二つのヘタの中央を結ぶ直線に包丁を当てて切る。十字に切ると、四等分されるが、そのような切り方をすれば種を避けて切ることができる。

ヘタの反対側、すなわち尻の部分に、カキの種類によっては十字形の浅い溝がついている。それに沿って十字に切ると、同じように種を避けて、四つに切り分けることができる。

121　カキのヘタはしゃっくり止めの妙薬

カキの果実についているヘタはたいへん大きい。それがカキの特徴の一つでもある。ヘタでは果実の発育に関与する植物ホルモンが生産・分泌されている。幼果のときにヘタを取り除くと、果実は大きくならない。ヘタの表面には気孔があり、呼吸や水分の蒸散にも関わっている。

カキのヘタは今日ではほとんど利用されていない。だが昔の人々はヘタを捨てずにとっておき、薬として用いていた。カキのヘタを疣《いぼ》に貼っておくと、疣が取れると信じられていた。本当に疣を取り除く薬効があるのかどうかは知らないが、そうした俗信があった。

またカキのヘタはしゃっくり止めにも効果があるとされていた。江戸時代中期の図説百科事典『和漢三才図会《わかんさんさいずえ》』に「柿の蔕《へた》は、しゃくり（しゃっくり）を治す」とある。この俗信は今もなお生きている。しゃっくりは横隔膜の痙攣《けいれん》によるものである。カキのヘタにはそれを鎮める成分が含まれているらしい。

漢方薬について書かれた本によれば、カキのヘタ一〇グラムを水二〇〇ミリリットルで約半量になるまで煎じ詰めたものを飲むと、しゃっくり止めに効くという。

122　奈良生まれのスイカが広まったきっかけとは

現在、栽培されているスイカのほとんどは「大和スイカ」という品種の子孫である。大和スイカは明治時代初期にアメリカから導入された品種と、わが国の在来種との自然交雑によるものといわれており、大正三年（一九一四）ころに奈良県農事試験場で誕生した。

品質がよく、甘くておいしいところから全国的に栽培されることになるが、奈良で生まれた大和スイカが広まったのには、それ以外にも理由があった。その理由とは？

奈良には昔から家々を訪ねて薬を売り歩く置き薬屋が多く、全国を回って商売をしていた。置き薬屋といえば、富山の薬屋はよく知られている。奈良の置き薬屋は、他県の置き薬屋に対抗し、置き薬にオマケをつけて売った。

はじめは紙風船、塗り箸などをオマケとしてつけていたが、農家の人に喜んでもらえるものとして大和スイカの種をつけた。それが大和スイカが全国的に広まることに大きな役割をはたしたのである。

123　イチジクと浣腸の関係は？

イチジクは食べもの（果実）だが、食べものとは関係のない商品名ともなっている。その商品名とは、誰でもがご存じの「イチジク浣腸《かんちょう》」である。浣腸器がどうしてイチジクなのか。イチジクが含んでいる成分を原料としているからなのか。

イチジク浣腸のその容器はイチジクの実の形によく似ている。商品名をイチジクとしたのは形が似ていることによる。だがそれだけではない。

イチジク浣腸は大正時代に創業した東京軽便浣腸製造所（現、イチジク製薬）が、創業にあたって発売したものである。創業者は田村廿三郎《はたさぶろう》という医師。仲間の医師の協力を得て、手軽な浣腸器を考案した。

商品名にイチジクという名を用いたのは、形が似ているということだけからではなく、イチジクが便秘に効果があることや、イチジクの実が熟するのが早いことから、即効性があることなどを加味してのことだといわれている。

なおイチジクには便秘をはじめ、健胃、整腸、下痢止め、咽喉痛止めなどに効果があり、茎や葉などから出る白い乳汁は、昔から疣《いぼ》取り、眼病、虫刺され、痔疾などに用いられている。

124　その昔、煮て食べていた果物とは？

リンゴ、ミカン、モモ、カキなど、ほとんどの果物は結実したら、そのまま食べられている。すなわち手を加えずに、生食されている。ところが昔の日本人は、ある果物を煮て食べていた。その果物とは何かおわかりだろうか。

それはスイカである。スイカは慶安年間（一六四八〜五二年）に黄檗宗《おうばくしゅう》の僧、隠元《いんげん》がイングンマメとともに日本に伝えたという説がある。『和漢三才図会《わかんさんさいずえ》』（正徳二年・一七一二）によれば、スイカは当初、青臭い匂いが嫌われ、また赤い果汁が血肉を連想させることから、子供や女性は食べなかった。その後、身分に関係なく、また老幼ともに食べるようになった。

昔もスイカは今のようにそのまま食べられていたが、そのほかにも食べ方があった。『本朝食鑑』（元禄八年・一六九五）にその食べ方が紹介されている。

「熟した水瓜（西瓜）の皮を取り除き、果肉を取り出し、種を除いて、砂糖を加えて煮る」。そうすると飴《あめ》のようになるが、そのようにして食べていた。また果肉に穴を開け、砂糖を入れ、しばらくそのまま置いてから食べるといった食べ方もしていた。また昔は、皮を煮たり漬けものにして食べ、種は炒って食べていた。

125　グレープフルーツは薬と相性が悪い

薬はたいてい水やぬるま湯で飲むように指示されているが、お茶、コーヒー、ジュースなどで飲んだりする人がいる。そうした飲み方をしても効果に影響を及ぼさない薬もあれば、効果を弱めたり、逆に強めたりする薬もある。

狭心症や高血圧の治療に用いられるカルシウム拮抗《きっこう》薬という薬がある。この薬をグレープフルーツのジュースで服用すると、たいへん危険である。

グレープフルーツは、フラボノイドという物質を含んでいる。これは苦みの成分でもあり、カルシウム拮抗薬の肝臓での代謝を阻害するはたらきがある。その結果、薬が効きすぎてしまい、動悸、吐き気、急激な血圧降下、意識消失などの副作用をもたらすことになる。

アレルギー治療薬、免疫抑制薬、精神安定薬のなかにも、グレープフルーツジュースで服用すると、副作用を起こすものがあるので注意を要する。

126　種なしのビワもある

ビワは果物類が少ない六月に結実する。ビワの実には独特の味わいがあるが、種が大きくて、可食部が少ない。カキやミカンなどの種は食べるときにはそれほど気にはならない。だがビワは違う。

種が果実の半分を占めており、食べるときには邪魔になる。あの種はどうにかならないものなのか。ミカンやブドウ、スイカなどには種なしのものがある。ビワも種なしができないのか。

種なしビワの研究・開発はかなり以前から行なわれている。なかなか実用化に至らなかったが、平成十六年（二〇〇四）、待望の種なしビワがついに誕生した。

千葉県農業総合センターが種なしスイカや種なしブドウをつくる技術を用いて生みだしたもので、世界初の種なしビワである。その種なしビワの品種名は「希望」と名づけられている。

種なしビワではもともと種のある場所が小さな空洞になっていて、果肉の厚さが種のあるビワの約二倍あるという。近々、店頭に姿を見せるはずである。

127　ペルシャと関係があるイチジクとピーチ

独特の味わいと香りがあるイチジク。昔はトウガキ（唐柿）、ナンバンガキ（南蛮柿）とも称された。イチジクという名は一説にペルシャ語に由来するといわれている。

ペルシャ語でイチジクをアンジールといった。そしてアンジール（イチジク）がインドに伝わり、ヒンズー語ではインジール（イチジク）と呼んだ。インジール（イチジク）がインドから中国に伝わり、中国ではインジールを「映日」と音訳し、「果」をつけて映日果《インジエクオ》と呼んだ。

イチジクはわが国へは江戸時代初期にもたらされ、蓬莱柿《ほうらいし》と呼ばれた。イチジクという名は中国語の「映日果」が転じたものと考えられている。

モモのことを英語ではピーチ（peach）という。そのピーチという語はペルシアに由来する。ピーチとは「ペルシャの果実《アップル》」という意味。

モモは中国原産だが、ペルシャ経由でヨーロッパにもたらされたことから、英語ではそれをピーチ（ペルシャの果実）と称した。

▼果物の謎と不思議

128　リンゴのなかになぜ蜜ができるのか

リンゴのなかには、その中心部に黄色い蜜が入っているものがある。あの蜜は人が注入したものではないかと思っている人もいるかもしれないが、それは誤解である。蜜はリンゴ自身がつくりだしたものである。蜜ができるかどうかは品種によって異なり、「ゴールデン・デリシャス」や「つがる」などは蜜が発生しにくく、「ふじ」や「スターキング・デリシャス」などは発生しやすい。蜜入りは日本では好まれているが、欧米では「ウォーター・コア」（水入り芯）と呼ばれ、あまり歓迎されない。

リンゴの蜜はソルビトールという糖アルコールの一種で、葉で光合成によってつくられた糖質はソルビトールというものに変えられ、枝や幹の維管束《いかんそく》を通して果実に運ばれる。そして酵素の働きによってブドウ糖、果糖、蔗糖《しょとう》などに変換され蓄積される。リンゴが完熟してくると、酵素の働きが弱くなり、ソルビトールが変換されずに、ソルビトールのまま果実内にたまる。それがすなわち蜜である。蜜入りはリンゴが熟していることのあかしでもある。

蜜入りはリンゴだけではなく、ナシにも起こる。ナシでは「豊水」や「二十世紀」に蜜入りが生じやすい。ナシの場合には、リンゴと違って、蜜が入ると実が傷みやすい。

129　ブルーベリーはなぜ目にいいのか

青紫色のブドウのような実がなるブルーベリーは北アメリカが原産地で、二十世紀の初期、野生種から栽培化されたものである。この果実はカリウム、リン、マグネシウム、ビタミンC、ビタミンEなど豊富な栄養分を含んでおり、近年では目にいいということで注目されている。いったいブルーベリーの何がどのように効くのか。

ブルーベリーの有効成分は青紫色の色素のアントシアニンである。網膜の視細胞には明暗を感じる杆状体《かんじょう》視細胞と、色を感じる錐状体《すいじょう》視細胞があり、前者のほうが多い。杆状体にはロドプシンというタンパク質が含まれており、これに光が当たると化学反応が起こって、明暗が感知される。ロドプシンは使われると再合成されるが、目を酷使したり、年齢を重ねると、再合成が遅くなり、ものが見えにくくなる。ブルーベリーに含まれているアントシアニンにはロドプシンの再合成を活性・促進する働きがある。

そこでブルーベリーには、暗いところでものが見えにくくなったり、パソコンやテレビなどによる眼精疲労に効果がある。

130 メロンの網目はなぜできるのか

メロンのなかには、表面に網目（ネット）があるものと、網目がないものとがある。マスクメロンやアンデスメロンには網目があり、プリンスメロンにはない。高級メロンのマスクメロンには芸術的ともいえる美しい網目ができているが、あの網目は何なのか。どのようにしてできたのか。

メロンの網目は、人が刃物でわざわざ傷つけたもの。そう思っている人もいるようである。ではなぜ傷つけるのか。あの網目は人為によるものではない。メロン自身がつくりだしたものである。メロンの網目はもとは表面の皮のひび割れである。

網目メロンの場合、メロンが肥大していく途中で、皮の成長が止まってしまう。ところが果肉のほうは生長を続けて大きくなっていくので、皮にひび割れが生じてしまう。そして、ひび割れの傷を防ぐために分泌液が出てくる。メロンのあの網目はこのようにして形成されている。

131 クリの実にはなぜ種が見当たらないのか

リンゴ、カキ、ナシ、スイカなどは、そのなかに種（種子）がある。バナナには種がないが、それは種のない品種のバナナであり、野性のバナナには種がある。ミカン、モモ、ビワ、オウトウなどにも種がある。ではクリはどうだろうか。

クリは煮たり焼いたりして食べるが、種らしきものが見当たらない。われわれが食べているクリは、種のないクリなのだろうか。焼きグリの天津甘栗にも種らしきものはない。

クリの実は、棘《とげ》がたくさんある皮に包まれている。それをイガ（毬）といい、果実とイガを合わせて毬果《きゅうか》という。イガのなかのクリの実はさらに堅い皮に包まれており、その堅い皮の内側にもう一枚の皮があり、それを渋皮という。つまりクリの実は三枚の皮に包まれていることになる。

渋皮をむくと、やっと実が現われる。その実のなかには、どこを探しても種はない。小さすぎて肉眼では見えないというわけではない。ではクリの種はいったいどこにあるのだろうか。

じつは、われわれがクリの実といっているのがクリの種である。われわれは種を食べているわけである。

132 バナナはなぜ曲かっているのか

現在、日本人がもっとも多く食べている果物はバナナである。バナナは美味しくて栄養があり、手軽に皮をむいて食べられる。それに値段も安い。輸入果物の半分以上の量をバナナが占めている。

バナナの実は一見、木になっているように見える。だが木ではなく、草である。バナナは巨大な多年生の草である。

バナナ幹のように見える部分は葉鞘《ようしょう》が巻き重なったもので、木質化せず、偽茎《ぎけい》あるいは仮茎と呼ばれている。バナナの偽茎は高さが五～七メートルにもなり、その頂部に大きな葉をつける。

バナナは円柱形ではなく五角形である。またまっすぐでなく、弓なりに曲がっている。それにはわけがある。バナナの実はまず下に向かって生長していく。そしてさらに生長を続けると、やがて重力に逆らい、上に向かって生長するようになり、その結果、バナナは彎曲《わんきょく》することになる。

133 グレープフルーツはなぜグレープなのか

爽やかな酸味をもったグレープフルーツは、オレンジやミカンと同様に柑橘《かんきつ》類であり、グレープ（＝ブドウ）の仲間ではない。

グレープフルーツを直訳すると「ブドウ果物」となる。なぜグレープ（ブドウ）なのか。グレープフルーツはナツミカンに姿が似ており、ブドウにはまったく似ていない。ではグレープフルーツのグレープという名は、いったいどこからきているのか。

その名前は、実のつき方からきている。グレープフルーツの木は常緑樹で、高さは四～六メートルあり、枝先にたくさんの実がかたまってなる。それを遠くから見ると、まるでブドウの房のように見えることから、グレープフルーツという名がついたといわれている。ブドウのような芳香があるからという説もあるが、前説のほうが有力のようである。

グレープフルーツの原産地は西インド諸島のバルバドス島で、十八世紀前半、この島で発見された。ブンタンの突然変異と考えられている。

十九世紀初期には、アメリカに伝わり、現在、アメリカのフロリダ州がグレープフルーツの世界最大の産地となっている。

134　渋ガキはなぜ渋いのか

カキには甘ガキと渋ガキがある。渋ガキはその名のとおり、生のものには渋味があり、そのままでは食用にならない。そこで渋ガキは渋抜きをして食べる（「渋ガキを温湯につけておくとなぜ渋が抜けるのか」参照）。それはともかく、そもそも渋ガキはなぜ渋いのか。

カキの渋みは、果肉のなかにあるタンニン細胞に含まれるタンニンという物質による。甘ガキもタンニンを含んでおり、幼果の甘ガキを食べると、渋味を感じる。このタンニンという物質は水に溶けやすく、カキを食べたとき舌の上で溶けるので渋味を感じる。

またタンニンはカキが熟するにつれて、水に溶けにくい物質に変わる。甘ガキでは熟するまでに、タンニンが不溶性になっている。だから、それを食べても渋味を感じない。なお、タンニン物質の不溶解化については、果実の成熟中に生ずるアルコールや、アセトアルデヒドなどが作用していると考えられている。

渋ガキでも可溶性タンニンが不溶性タンニンに変わっていくが、カキが成熟しても可溶性タンニンが残ってしまう。だから渋ガキは渋味を感じる。また渋ガキは、いわゆる熟柿《じゅくし》になるとタンニン物質が不溶性の状態になるので、渋味がとれる。

135　紅茶にレモンを加えると、なぜ色が薄くなるのか

緑茶はそのまま飲むが、紅茶はレモンやミルクなどを加えて飲んだりする。

湯を通した紅茶はその名のとおり、鮮やかな紅色をしており、レモンのスライスを浮かべると、その色がただちに薄くなってしまう。そのことはよく知られているが、レモンによってどうして紅茶の色が変わってしまうのか。

レモンを入れる前の紅茶の色を構成している色素の主なものは、テアフラビンとテアルビジンである。このうちテアルビジンは酸性の度合いが強くなると、色が薄くなる性質がある。一方、テアフラビンのほうは酸性の度合いによる色の変化はない。

紅茶にレモンを加えると色が薄くなるのは、レモンがクエン酸やビタミンCなどの酸性物質を含んでいるからである。

クエン酸はレモンの酸味のもとであり、酸性である。またビタミンC（アスコルビン酸）も酸性である。だからレモン

を紅茶に入れると、紅茶がかなりの酸性になり、色が薄くなるわけである。

136　缶詰のミカンは、どうやって皮をむいているのか

ミカンの実は二重の皮で覆われている。外側の皮をむくと、実が現われる。その実は八〜一二室に分かれており、それぞれ薄い皮（袋）に包まれている。その皮のことを内果皮《ないかひ》という。

ミカンの缶詰を開けると、ミカンには薄皮はついていない。きれいに取り除かれている。いったいどうやって取り除いているのだろうか。

人がいちいち手でむいているのだろうか。そんなことをしていたら手間と時間が大変だ。ミカンの皮むきは、機械と薬液によって自動的に行なわれている。

水洗いしたミカンに熱い水蒸気を当て、外側の皮をやわらかくし、溝のあるローラーの間を通し、外皮を取り除く。次に機械を用いて、一房ずつに分ける。それぞれの房にはまだ薄皮（内果皮）がついている。それをまず薄い塩酸（濃度は〇・五パーセントくらい）につけ、次に水酸化ナトリウム水溶液（濃度は〇・三パーセントくらい）につける。そうすると薄皮はすっかりはずれてしまう。

そして最後に充分に水で洗い流し、それを缶に詰めれば、ミカンの缶詰ができあがる。

137　パイナップルの外側は、なぜウロコ状なのか

パイナップルの果実はユニークな形をしている。皮がウロコ状で、一見、マツの実（マツボックリ）に似ているが、英語のパイナップルはもともとは松の実を指していた。パイナップルは熱帯アメリカ原産の多年草で、日本には幕末の弘化二年（一八四五）、オランダ船によってもたらされている。

パイナップルの外側のウロコ状のものは、パイナップルの皮ではない。あれは果実である。ウロコ状の一つ一つが、一個の果実なのである。

パイナップルは茎の上部に、たくさんの花をつける。それらが育ってそれぞれ実となり、集まって一つになったため、ウロコ状をなしているわけである。

パイナップルを食べるとき、堅い芯の部分は取り除くが、それが茎である。

われわれが食用にしているのは、花の基部（メシベやオシ

べがついている花の台の部分)、すなわち子房《しぼう》、花托《かたく》、苞葉《ほうよう》などが融合して果肉状になったものである。

138 ナシはなぜナシという名なのか

ナシ(梨)は日本では古くから栽培されている。『日本書紀』によると、持統天皇の七年(六九三)三月、クワ、クリなどとともにナシの栽培を奨励したとある。ナシは「無し」に通じるところから、それを忌み嫌ってアリノミ(有りの実)ともいうが、ナシはなぜナシと呼ばれるようになったのか。そもそもナシとはどういう意味なのか。

ナシの語源についてはいくつかの説がある。①ナシはなかが白いのでナカシロ(中日)、それが略されてナシになった。②ナシは甘いのでアマシ(甘し)、それが転じてナシになった。③ナシは中心部(芯)が酸っぱいのでナカス(中酸)、それが転じてナシになった。④風があると実らないところからカゼナシ(風無し)、それが略されてナシになった。

ほかにもまだ説がある。『万葉集』に「もみじ葉のにほひは繁《しげ》し然《しか》れども妻梨《つまなし》の木を手折りかざさむ」(もみじ葉の色はさまざまだが、妻梨の木を折って髪にさそう)という歌が載っている。その「妻梨の木」の妻梨には端《つま》無しの意味が加味されているという見方がある。端《はし》のことをツマともいい、果実では底の部分に当たる。ミカンやカキなどは底の部分が凹《くぼ》んでいない。つまりツマ(端・底)がある。古い時代の日本の果実で、ナシとカラナシ(リンゴの原種)のほかには、底の部分が著しく凹んでいるものはなく、ナシのことをツマがないという意味でツマナシといい、ツマが略されて、ナシになったという説もある。

139 イチゴの表面にはなぜ粒々がついているのか

イチゴの表面には小さな粒々がついている。どうしてそんなものがついているのか。あのゴマ粒状のものはいったい何なのか。

イチゴの種と思っている人がいる。だが正確にいえば、あれは種ではない。粒々はイチゴの実なのである。その小さな粒のなかに種が入っている。ではわれわれが食べている赤い部分は何なのか。

イチゴの花にはメシベとオシベがそれぞれたくさんある。粒々はメシベが変化したもので、われわれが食べている部分は、メシベの土台をなす花托《かたく》である。メシベが受粉すると花托が肥大化してくる。われわれはそれをイチゴの果実として食べているわけである。

モモやミカンなどでは、メシベが受粉すると、メシベの下のほうにある子房《しぼう》が発達し、そのなかにある胚珠《はいしゅ》が種になる。イチゴの場合には子房はほとんど変化せず、薄い皮となって種に密着している。

イチゴのように、子房ではない部分が肥大して果実になったものは偽果《ぎか》という。

140　温州ミカンにはなぜ種がないのか

日本でもっとも生産量が多い果物は温州《うんしゅう》ミカンである。このミカンは皮がむきやすく、種がなく、よく食べられており、ミカンといえばふつう温州ミカンを指す。温州ミカンの温州は中国の温州に由来する。だが種なしの温州ミカンは日本で生まれたものである。

江戸時代初期のころ、中国から温州ミカンのもととなるミカンがもたらされ、鹿児島の長島で栽培されていた。そのミカンには種があった。ところがあるとき突然変異が起こり、種なしになった。種なし温州ミカンの誕生である。

昭和十一年（一九三六）、長島の東町《あずま》で、その原木とみなされている樹齢三〇〇年以上と推定される古木が発見されている。この種なしミカンは中国の地名をとって温州ミカンと呼ばれるようになるが、どうして温州と呼ぶようになったかははっきりしない。

温州ミカンは種がなくて食べやすい。ところが昔はあまり人気がなかった。種がなければ家系が絶えてしまう。そこで種なしミカンを食べると子供ができなくなるなどといわれ、敬遠されたのである。明治時代半ばごろまでは、種のある紀州ミカンのほうがよく食べられていた。

141　なぜイチゴやカキの缶詰はないのか

明治四年（一八七一）、長崎の松田雅典という人が、フランス人のお雇い教師（医師）、レオン・デュリーから製法を学び、鰯《いわし》の油漬け缶詰を試作している。これがわが国における缶詰の第一号である。

缶詰には魚介類をはじめ、肉、野菜、果物などがあり、果物の缶詰にはミカン、モモ、パイナップル、サクランボなどがある。だが同じ果物でも、イチゴやカキは缶詰にはなっていない。それはなぜなのか。需要がないからなのか。

答えから先にいえば、イチゴやカキなどは缶詰には不向きだからである。「缶詰のミカンはどうやって皮をむいているのか」の項目でミカンの缶詰の製造方法を紹介した。そこでは缶詰にミカンを詰めるまでを説明しているが、缶に詰めて密封したあと、殺菌のために、八五～九〇度Cくらいの熱湯のなかを通す。イチゴやカキなどは、そうすることで形が崩れたり、食感が変わってしまったりする。またイチゴでは色も変化する。バナナも同じように缶詰には不向きである。

142 渋ガキを温湯につけておくと、なぜ渋が抜けるのか

渋ガキは成熟しても渋味をもっている。だから渋ガキを食べるとなると、渋味を取らなければならない。それを渋抜きなどと呼んでおり、いくつかの方法があるが、渋を抜き取っているわけではない。

渋味のもとはタンニン（水溶性タンニン）で、それを不溶性タンニンにすれば渋味がなくなる。渋抜きは、水溶性タンニンを不溶性タンニンにしているのである。

渋抜きの方法の一つに、カキを無気呼吸させる方法がある。無気呼吸とは酸素のない状態での呼吸である。カキを温湯に浸して渋を抜く方法が古くから行なわれている。カキを温湯につけ、酸素呼吸ができないようにする。そうすると無気呼吸によって、アセトアルデヒドが生成され、それがタンニンと結びついて、タンニンを不溶性にするので、渋味がなくなる。

ほかに炭酸ガスのなかで無気呼吸をさせて渋抜きする方法もあり、この方法だと短時間に大量に渋抜きができる。

143 ビワは琵琶に似ているからビワなのか

ビワという言葉を聞いて、果実のビワと、楽器のビワのどちらを先に連想するだろうか。果実のビワは漢字では「枇杷」と書き、楽器のほうは「琵琶」と書く。両者は「比」と「巴」が共通している。

果実のビワはなぜビワというのか。ビワ（枇杷）はバラ科の常緑高木で、原産地は中国である。ビワの語源については、その葉の形が、あるいはその実の形が琵琶に似ているからという説がある。

葉のほうは琵琶にはたいして似ていないが、実のほうはよく似ている。ビワの葉は大きい（広い）。そこでヒロハ（広葉）からビワになったという説もある。

琵琶が日本に入ってきたのは奈良時代である。果実のビワは琵琶より先に日本に入ってきていたという説があり、ビワという名は琵琶ではなく、枇杷に由来するという見方もある。

枇杷は中国語ではピパと発音する。その発音がそのまま日本に入ってきて、転じてビワになったという。

144　オレンジのジャムはなぜマーマレードなのか

ジャムの一種に、マーマレードと呼ばれているものがある。マーマレードといえばオレンジ。どうしてイチゴやリンゴのマーマレードはないのか。イチゴジャム、リンゴジャム、そしてオレンジは、ジャムでなくマーマレードである。

イチゴジャムやリンゴジャムは、果肉を砂糖とともに煮つめてゼリー状にしたものである。ジャムという言葉は英語のジャム（jam）からきており、押しつぶすという意味である。一方、マーマレードという言葉は英語のマーマレード（marmalade）からきており、果物のマルメロに由来する。マルメロはポルトガル語であり、マーマレードはもともとはマルメロでつくったジャムを意味していた。

ＪＡＳ（日本農林規格）では、果実等を糖類等とともに加熱してゼリー化したものをジャム類と総称し、そのなかで、柑橘《かんきつ》類の果実を原料として果皮が入ったものをマーマレードと称している。マーマレードにはオレンジや夏ミカンが用いられている。

皮が入らない果肉だけのものであれば、それはオレンジマーマレードではなく、オレンジジャムということになるが、オレンジはもっぱらマーマレードとして利用されている。

145　モモの表面にはなぜ溝があるのか

モモは実（果肉）が柔らかく、その表面に一本の深い溝がある。そこに指をかけて割れば簡単に割れそうに思えるが、実際は指で割るのは難かしい。それはともかく、どうしてモモには溝があるのだろうか。

モモは春に桃色の五弁の花を咲かせる。モモの花はメシベが一つで、オシベがたくさんある。オシベのてっぺんを柱頭、その下を花柱といい、花柱の下のふくらんだ部分を子房という。

子房のなかには種のもとである胚珠《はいじゅ》がある。オシベの花粉がメシベの頭柱について受精すると、子房が生長し、柱頭や花柱は枯れる。子房はどんどん大きくなり、果実のモモになる。そして子房のなかの胚珠は生長して種（種子）になる。

果実のもとであるメシベ。それは葉が変化したものである。一枚の葉が胚珠をくるんで丸まり、ひと回りして合わさったものである。葉の先端が頭柱になり、まんなかの部分が子房になる。

モモの実の表面にある溝は、葉が合わさった部分で、縫合線と呼ばれている。

146　ミカンを食べると、なぜ手のひらが黄色くなるのか

ミカンをたくさん食べると、手のひらが黄色っぽくなることがある。ただし、それには個人差があり、色の変化がほとんど見られない人もいる。

体（皮膚）が黄色くなる病気に黄疸《おうだん》があるが、黄疸は胆汁の成分であるビリルビンが増えた状態をいう。ビリルビンは黄色い色素で、それがつくられるまでの過程で何らかの支障が生じると、胆汁のなかに出されるはずのビリルビンが血液中に出てきて、皮膚が黄色く見えるようになる。

ミカンにはカロテンという色素が含まれている。カロテンは黄色の色素で、栄養分でもある。口から入った食べものは胃から小腸に送られ、小腸で吸収された栄養分は血液によって全身に運ばれていく。ミカンを食べると、カロテンが血液中に入り、たくさん食べれば、それだけ血液中に含まれるカロテンの濃度が濃くなる。手のひらはメラニン色素が少なく、血管が透けて見えやすい。そのため、血液中にカロテンが増えると、手のひらは黄色く見えることになる。

ミカンによって手のひらが黄色くなるのは柑皮症《かんぴしょう》と呼ばれている。体が黄色くなる黄疸は病気だが、柑皮症はべつに病気ではない。

147　梅酒をつくるとき、なぜ氷砂糖を使うのか

ウメは酸味が強くて生食には向かない。梅干しや梅酒などにして利用されており、梅酒をつくるときには砂糖を用いるが、その砂糖には氷砂糖が使われる。どうして粉砂糖ではいけないのか。

青ウメをよく洗って水気をふき取り、瓶に入れ、氷砂糖と焼酎を加え、密封して冷暗所に保存しておくと、数か月後に梅酒ができあがる。

焼酎を加えると、まず焼酎のアルコールがウメの果肉にしみ込み、香りやコクのあるエキスをつくりだす。氷砂糖は粉砂糖と違って、ゆっくり溶ける。氷砂糖が溶けてくると、果肉の内部より外側（すなわち焼酎と氷砂糖の側）のほうの浸透圧が高くなるので、ウメのエキスがウメの果肉から焼酎の側に引き出される。そこでおいしい梅酒ができる。

梅酒に氷砂糖を用いるのは、それがゆっくり溶けるからである。少しずつ溶けて、糖分の濃度が徐々に高くなり、その結果、ウメのエキスが充分に引き出される。粉砂糖を用いると糖分の濃度が急に高くなり、ウメのエキスをうまく引き出

せないので、風味のない梅酒ができてしまうことになる。

148　種なしスイカはどういう方法でつくるのか

リンゴ、モモ、カキ、スイカなどの果物は、果肉のなかに種（種子）がある。その種は人が果物を食べるとき邪魔になる。そこで果物によっては種のないものが人工的につくりだされている。たとえば種なしスイカがそうである。

種なしスイカには種はできない。だが種なしスイカをつくるための種はある。それはどういうことかといえば……。

動植物は細胞のなかに遺伝子が組み込まれた染色体を持っている。ふつう染色体は父親から受けついだ染色体と母親から受けついだ染色体を同じ数だけ持っており、これを二倍体という。人間は四六本の染色体（二倍体）を持っており、ふつうのスイカも二倍体で、染色体の数は二二である。

このふつうのスイカをコルヒチンという薬剤で処理すると、倍の染色体を持つ四倍体ができる。その四倍体の花のメシベに、ふつうの二倍体のスイカの花粉を受粉させると、四倍体のスイカの果実のなかに、染色体を三三本持つ三倍体の種ができる。これが種なしスイカの種となる。

その三倍体の種をまき、開花したとき、ふつうの二倍体の花粉を受粉させると、生長して実をつけるが、その実には種ができず、種なしスイカとなる。

149　なぜ種なしブドウが人工的につくれるのか

干しブドウには種（種子）が入っていない。では、種はいったいどうやって取っているのだろうか。

ブドウには種のできない品種があり、干しブドウの原料には種なしの品種が用いられている。そのブドウは自然のままで種のできない品種だが、人工的に種なしブドウをつくりだすこともできる。

種なしブドウには、ジベレリンという植物ホルモンが使われている。ちなみに、ジベレリンは日本人が発見した植物ホルモンである。

メシベがオシベの花粉を受粉すると、メシベの根もとの子房が大きくなって実になり、そのなかに種ができる。種なしブドウの場合、満開の二週間前ごろに、ジベレリン溶液に花を浸し、さらに満開の十日後ごろに同じ処理を行なうと、種なしのブドウができる。

ジベレリンは種のもとである胚珠《はいしゅ》の受粉能力をなくすとともに、子房の発達を促進する。子房は大きくなって実となるが、受粉（受精）は行なわれていないので、種ができないわけである。

150　青ウメは毒なのに、梅干しや梅酒はなぜ問題ない？

若いウメ（青ウメ）は毒だといわれ、昔から「青ウメを食べるとおなかをこわす」などといわれている。それなのに、梅干しや梅酒は食べたり飲んだりしても体にさしつかえない。それはどうしてなのか。

青ウメが毒を含んでいるのは本当である。その毒はアミグダリンという物質（青酸配糖体）で、ウメが持っている酵素の作用によって分解し、青酸を生じる。青酸は人間の細胞の呼吸を阻害するので、重症の場合は、呼吸が停止して死に至ることもある。

だがアミグダリンは種のなかだけに含まれており、果肉には含まれていない。種は殼に包まれていて、未熟のウメ、すなわち青ウメの種の殼は軟らかいので、果肉といっしょに種を食べてしまうことがあり、中毒を起こすことになるが、ちなみに青ウメの致死量は子どもで一〇〇個といわれている。

梅干しや梅酒に用いられるウメは緑色をしているが、あれは未熟なウメではなく、完熟したウメである。完熟したウメではアミグダリンは分解されるので毒性はない。なおアミグダリンはアンズ、モモ、ビワなどの種にも含まれている。

151　腐ったミカンのまわりのミカンが腐ってしまうのは

ミカンを買ってきて、袋やダンボールに入れておく。そのなかに腐ったミカンがあると、そのそばにあるミカンも腐ってしまう。それは多くの人が知っていることだろう。ではどうして他のミカンも腐ってしまうのか。それはエチレンの作用による。

エチレンはガス状の植物ホルモンで、発芽、伸張、結実、成熟、落葉など、植物のさまざまな生理作用にかかわっている。硬くて酸っぱいキウイをリンゴといっしょにビニール袋に入れておくと、やがて柔らかく甘くなるが、それはリンゴが放出するエチレンの作用による。草花を毎日、撫でてみる。そうすると茎の伸びが抑えられる。それもエチレンの作用による。

植物は傷害を受けるとエチレンを発生する。ミカンが傷む。すなわち腐ると、その腐ったミカンがたくさんのエチレンを放出する。エチレンには成熟の作用があり、腐ったミカンから放出されたエチレンが他のミカンの成熟を促進する。

その結果、過熟になり、腐らせてしまうことになるわけである。

傷害によるエチレンの発生は基本的には植物のどの組織でも起こるが、果実ではエチレンの発生がきわだっている。

152 プリンスメロンはなぜプリンスか

メロンの一種であるプリンスメロンは、かつてメロンの主流を占めていた。露地栽培メロンの代表的品種で、表面に網目がなく、甘味が強くて風味のよいメロンとして知られている。

このメロンは、西洋種メロンとマクワウリとの交配によって誕生した品種である。開発したのは坂田種苗（現・サカタのタネ）で、プリンスメロンと名づけ、昭和三十七年（一九六二）に売り出した。

なぜプリンスメロンなのか。英語のプリンスは皇子（皇太子）を意味する。そのメロンの開発にあたって、皇室と何か関係でもあったのだろうか。それともメロンのなかのプリンスという意味で名づけたのか。

プリンスメロンはプリンスという名にふさわしい優良品種であったが、そういう意味から名づけられたわけではない。「プリンスの会」という横浜の大手果実商でつくる会があり、その会で新開発のメロンを試食してもらい、これなら売れると請け合ってもらったところから、プリンスメロンと名づけたのである。

153 サクランボにはなぜ柄がついているのか

春から初夏にかけ、果物屋やスーパーにサクランボが姿を見せる。そのサクランボはたいてい柄（果柄《かへい》）がついたままである。リンゴ、カキ、ミカン、ナシなどには果柄はついていない。それらの果物は、店で売られるときには果柄は取り除かれている。

サクランボにはなぜ果柄がついているのか。食用になるのは実の部分だけであり、果柄は食べられない。それなのに果柄がついているのは、果柄がついているのが好まれているかららしい。果柄がついていれば、それをつまんで食べることができる。

植物は種によって子孫を増やすが、サクランボも実のなかに種を持ち、鳥獣などがサクランボを食べ、その種を遠くへ運んで散布してくれる。鳥獣が食べるとき、果柄は邪魔である。だから果柄は実から離れやすいほうがいい。本来、サクランボは果柄は実から離れやすかった。ところが果柄つきのサクランボが好まれるために、果柄が実から離れにくく、枝から離れやすいものが選ばれ、今日の品種に至っている。

サクランボの品種には大別すると、甘果《かんか》オウトウ（桜桃）、酸果《さんか》オウトウ、中国オウトウの三つがある。日本で栽培されているのは大部分が甘果オウトウで、ナポレオン、佐藤錦《さとうにしき》などの品種はよく知られている。

154　バナナはなぜ叩き売りされるのか

日本では年間、約一〇〇万トンものバナナが輸入されている。輸入先はフィリピン、エクアドル、台湾などである。

果物はスーパーや果物屋で売られているが、バナナはそのほか、夜店などでも売られ、かつては叩き売りが盛んに行なわれた。リンゴやカキ、ナシなどは叩き売りされることはない。叩き売りといえば、それはもっぱらバナナである。バナナの叩き売りは今日でもときたま見かけるが、なぜ叩き売りするのか。

バナナの叩き売りは北九州の門司港ではじまったといわれている。明治三十六年（一九〇三）、大阪の梅谷という人が台湾バナナを輸入し、これが台湾バナナの日本への初登場と伝えられている。この台湾バナナは評判がよく、以後大量に輸入されるようになった。

台湾からバナナが船で門司港に運ばれてくる。そのバナナのなかには輸送中に熟してしまったり、傷ついてしまったものもあった。それをできるだけ早く換金するために、叩き売りが行なわれたという。JR門司港駅前には「バナナの叩き売り発祥の地」という記念碑が建っている。

155　ブドウはなぜブドウというのか

ブドウは古から栽培されている果物で、ブドウの栽培種はヨーロッパブドウとアメリカブドウに大別される。ヨーロッパブドウの原産地は黒海とカスピ海の南側の地域とされており、エジプトでは紀元前三〇〇〇年ころにブドウが栽培されていたようである。日本には中国から伝えられたが、その時期ははっきりしない。

ブドウのことを古くはエビカズラ、あるいはエビカズラノミ（エビカズラの実という意味）と呼んでいた。平安時代の辞書『和名類聚抄《わみょうるいじゅしょう》』に「蒲萄」の和名として、エビカズラノミとある。ブドウは今日では漢字ではふつう「葡萄」と書くが、古くは「蒲萄」とも書かれていた。

ブドウの漢字の「葡萄」は中国からきている。では中国語の「葡萄」はどこからきているのか。それについては二つの説がある。中国にブドウが伝わったのは前漢の武帝の時代で、張騫《ちょうけん》が西域から持ち帰ったという。西域のフェルガナ地方でこの果物はbudawと呼ばれていた。中国語の「葡萄」は、一説にそれを音訳したものだという。

もう一つの説は、ブドウを意味するギリシア語のbotrusに由来するというもの。「葡萄」はそれを中国で音訳したものだという。はたしてどちらの説が正しいのだろう。

156　ブドウ糖はなぜブドウなのか

体が衰弱したときなどにブドウ糖の注射をする。ブドウ糖はもっともよいエネルギー源である。

英語ではブドウ糖のことをグレープシュガー（grape sugar）という。ところでブドウ糖はなぜブドウなのか。注射のブドウ糖はブドウから取ったものなのか。

ブドウ糖は六つの炭素をもつ6炭糖で、Dグルコースともいう（D＝アルファベットの「ディ」）。ちなみに、砂糖はブドウ糖と果糖が結合したものである。甘い果実はブドウ糖を多く含んでおり、ブドウにも多量のブドウ糖が存在している。Dグルコースをブドウ糖と呼ぶのは、そこからきている。ブドウ糖の甘味度は、砂糖の七〇パーセントくらいである。

ブドウ糖はブドウから取ることができる。だが工業的には、ジャガイモやトウモロコシなどから製造されている。それらはデンプンを含んでおり、デンプンを原料に加水分解してつくられている。

157　天津甘栗はなぜ皮がむきやすいのか

世界で栽培されているクリには、日本グリ、中国グリ、ヨーロッパグリ、アメリカグリなどがあり、日本では主に日本グリが栽培されている。

日本グリは日本に自生するクリを改良したもので、実が大きいことで世界的に知られているが、渋皮が離れにくい。

市販されている焼き栗（甘栗）に用いられているのは中国産の中国グリであり、その甘栗は天津《てんしん》甘栗と呼ばれている。なお天津甘栗のクリは天津産というわけではない。かつて天津港から中国産のクリが出荷されていたことから、天津栗と呼ぶようになった。

天津甘栗は渋皮がむきやすい。日本のクリは渋皮をはがすのに苦労するが、天津甘栗の渋皮はすっとはがれる。どうして皮離れがいいのか。はがれやすいように、何かをしているのだろうか。

じつは何もしていない。中国グリは日本グリと種類が異なり、もともと渋皮がはがれやすいのである。世界のクリのなかで、日本グリだけが渋皮がむけにくい。現在、日本グリと中国グリを交配して、実が大きくて渋皮がむきやすいクリの開発が進められているが、まだ実用化には至っていない。

著者略歴

北嶋廣敏（きたじま・ひろとし）

文筆家。福岡県生まれ。早稲田大学第一文学部卒。短歌・美術の評論でデビュー。古今東西のさまざまな文献に精通した博覧強記の読書人。面白くてためになる雑学系の著書は多くのファンを魅了している。

さらっとドヤ顔できる 野菜の雑学

2015年5月1日　初刷発行
2018年10月5日　二刷発行

著者　北嶋廣敏

発行所　株式会社パンダ・パブリッシング
〒111-0053　東京都台東区浅草橋5-8-11　大富ビル2F
http://panda-publishing.co.jp/